반려견
바이블

최경선

박영
story

추천사

  기존에 반려동물에 관한 책들은 많이 있지만 반려견 전 생애에 초점을 맞춘 책은 없다. 이 『반려견 바이블』은 반려견에 대하여 출생부터 죽음에 이르기까지 반려견의 전 생애를 보호자들이 쉽게 이해하고, 또한 생활 속에서 실천할 수 있도록 돕는 다양한 지식과 경험이 담겨져 있다.

  글을 읽어 내려가며 놀란 것은 현재 반려견을 키우는 사람들의 고민을 정확히 파악하고 그것을 해결해 나가려는 작가의 의지가 보였기 때문이다. 단순히 문제만 제시하는 것이 아니라 지식과 경험으로 보호자가 직접 자신의 반려견을 생각해 볼 수 있는 글들로 구성되어 있다.

  이미 반려견에 대해 많은 문제들이 일어나고 있는 현 시대에서 지금이 어쩌면 다음 세대를 위한 반려견 가이드를 제시할 마지막 기회이다. 언제나 문제의 중심은 반려견이 아니라 반려견을 교육하는 보호자의 문제에서 비롯된다. 그렇기 때문에 다음 세대를 위해 가장 필요한 것은 올바른 지식과 정보의 전달이다.

  이 한권의 책을 통해 보호자들이 반려견에 대한 삶을 잘 이해했으면 한다.

  우리가 사랑하는 반려견과 함께하는 시간은 짧다. 그 시간을 반려견과 함께 행복하게 보내기 위해서는 반려견을 키우는 사람들이라면 한번쯤 이 책을 읽어 보았으면 한다.

  『반려견 바이블』은 반려견을 키우는 사람들에게 중요한 지침서가 될 것이다.

김재영 원장

머리말

　　현재 대한민국은 반려동물 1,500만 시대라는 새로운 트렌드와 문화를 만들어내고 있다. 이 시대에 발맞추어 많은 지식과 정보들이 쏟아지고 있다. 거리를 지나는 많은 사람들은 저마다 자신의 반려견을 데리고 산책을 할 정도로 대한민국의 반려동물 문화는 점점 변하고 있다. 어릴 적 마당에서 쇠줄에 묶어서 키우던 모습들도 점차 사라지고 이제는 가정에서 함께 생활하는 반려동물의 모습으로 자리를 매김하고 있다. 또한 사람들에게 이제는 개나 강아지라는 말보다 반려견이라는 말을 사용할 정도로 가치가 향상되고 있다. 그러나 아직도 여전히 TV나 매스컴을 통해 전달되는 잘못된 정보와 지식의 전달은 보호자들로 하여금 올바른 판단과 이해를 하지 못한 상태로 반려견을 키우게 하고 있다. 말로는 반려견이라는 명칭을 사용하지만 실제적으로는 지식의 이해 수준을 향상시키지 못하여 올바른 판단과 표현을 하지 못하고 있는 현실에 놓였다. 얼마나 더 많은 유기견이 발생하고 있는지 가늠하기 힘들 정도로 생명을 존중하지 않는 삶은 여전히 지속되고 있다.

　　이 책은 반려견의 전 생애주기(ALL-Life Cycle) 관점에서 개라는 동물에 대한 지식을 올바르게 이해하는 목적으로 썼다. 또한 반려견이라는 의미에 맞게 평범한 사람들에게 필요한 정보의 이해를 돕기 위한 지식을 정리하였다. 무엇보다 가장 큰 목적은 반려견의 올바른 가치와 생명존중의 메시지를 전하는 것에 있다.

　　지금까지 잘못된 정보와 잘못된 가치관으로 인해 필자의 가족, 친구 그리고 사랑하는 사람들이 반려견과 관련하여 고통 받고 힘들어하는 상황들이 너무나 많았다. 이 책은 최대한 보호자 입장에서 바라보고 썼다. 사람들이 강아지를 의인화하고 맹목적으로 사랑하는 것은 기본적으로 개라는 동물에 대한 이해가 부족하기 때문이다. 사람과 다르게 반려견은 2년이라는 기간에 성견이 되며 모든 습관과 육체가 형성된다. 사람에 비해 짧다면 짧은 시간에 유견기, 미성견기, 성견기, 노견기의 과정을 거치는 것이다. 이와 같은 상황에서 보호자가 어떻게 반려견을 대하느냐에 따라서 사람과 함께 살아가는 반려견은 훌륭하고 영리하게 변할 수 있다. 하지만 보호자가 지식과 정보의 무지함으로 인해서 반려견에게 올바른 교육을 하지 못하고 실천하지 못할 경우에는 문제견이 된다. 사실 문제견이라는 것은 점점 사회가 변해가 면서 사람들과 주거공간에 함께 생활하는 사례들이 늘어나면서 발생하는 문제다. 분리불안, 헛짖음, 공격성 등의 문제는 개라는 동물을 입양하고 초기부터 어떻게 교육 시키고 관리했는지에 따라서 상황은 천차만별로 변한다.

우리는 반려견을 키우면서 너무나 행복해한다. 하지만 우리만 바라보고 수많은 시간을 기다려 준 반려견에게 우리는 어떻게 대하고 있는가? 사료만 주고 물만 주면 강아지를 키운다고 생각하는 정도는 아닌지 고민해 봐야 한다. 반려견에 대한 올바른 가치를 생각하고 고민하는 자세와 태도를 가질 수 있어야 한다. 한 마리의 반려견을 제대로 키우기에는 정말 많은 비용과 노력 그리고 실천이 필요하다. 하나의 생명을 어떻게 키우는 것이 올바른 길인지를 고민하고 계획을 세워야 한다. 필자는 누군가 강아지를 키우고 싶어 한다면 "강아지는 계획 없이 키우게 되면 '한 생명의 인생을 잘못된 길로 인도하기 때문에 불행해질 수 있다'"라고 말하고 싶다. 삶이라는 것이 무엇인가? 삶이라는 것은 생명이 살아있음을 의미하며 행복과 불행을 경험하는 것도 함께 내재되어 있다. 당신의 짧은 선택이 한 생명의 행복 또는 불행을 선택할 수 있음을 명심해야 한다.

이러한 현실 속에서 우리는 반려견과 삶을 함께하는 것을 선택했다. 평균적으로 10년에서 길게는 15년 정도 사는 반려견을 키우려면 보호자 스스로 자신에게 질문을 던져 보아야 한다. "당신은 개를 키울 수 있는 준비가 되어 있는가?" 이 질문에 답을 할 수 있다면 당신은 개를 키워도 된다. 하지만 이 질문에 답을 할 수 없다면 이 책을 통해서 최소한의 기본 소양은 쌓고 입양할 계획을 세우기를 바란다. 반려견은 보호자가 만들어 가는 것이다. 아무런 관심 없이 단지 귀여움만으로 입양을 결정하는 것이 아니라 반려견의 가치와 생명존중을 실천하는 삶을 살아가는 우리가 되었으면 한다.

이 책은 반려견의 삶에 대한 관점에서 필요한 메시지를 담고 있다. 이 메시지가 여러분들의 삶에 소중한 지침서가 되고 개라는 동물을 더 사랑하는 계기가 되기를 간절히 소망해 본다. 지난 시간 반려견에 대해서 잘 몰라서 잘못된 행동과 태도로 일관했던 보호자로서 나의 모습을 뒤돌아보았다. 그리고 앞으로 만나게 될 소중한 생명들에게 조금 더 나은 삶과 행복을 안내하기 위하여 글을 썼다. 지난 시간 수많은 보호자들을 만나면서 참 많이 웃고 울었다. 그렇게 이 세상의 강아지를 사랑한다는 마음으로 삶을 살았다.

이 책에서 나는 세상 누구보다 나의 곁에서 응원해주며 항상 따뜻한 말과 긍정의 메시지를 주는 사랑하는 아내에게 늘 고맙다는 말을 전하고 싶다. 또한 하나뿐인 나의 사랑하는 아들 하준이에게 아빠가 사랑하는 반려견에 대한 이야기를 아이 눈높이에 맞추어 전해주고 싶다. 다음 세대인 하준이가 반려견을 키우면서 더 행복해질 수 있도록 이 부족한 책이 밑거름이 되었으면 좋겠다. 훗날 하준이가 커서 이 책의 내용을 이해하는 시점이 온다면 그때는 지금보다 더 나은 모습으로 반려견에 대한 사랑과 실천을 하고 있었음을 알려주고 싶다. 그때까지 작은 실천으로 늘 임하며, 강아지를 사랑하는 것이 내 인생에 있어서 즐겁고 행복한 시간이었음을 아들에게 말해줄 수 있는 아빠가 되고 싶다. 그렇게 『반려견 바이블』의 이야기는 시작된다.

2021년 겨울,
최경선 씀

차례 🌿

01 반려견 ——————————— 1

08 반려견 삶 그리고 펫로스 ———————— 139

01

반려견

"

　반려견은 지난 1990년대에서 2000년대로 넘어오는 과정에서 가축에서 애견으로 많은 사람에게 사랑받았다. 1990년대에 시장에서 판매되는 강아지들은 집에서 가축처럼 기르는 수준으로 인식되고 있었다. 하지만 2002년 월드컵 등 사회 전반의 발전과 행사가 집중되면서 "애완견"이라는 새로운 의미로 펫숍은 점점 활성화되었다. 충무로에서 강아지는 빛의 속도처럼 사람들에게 빠르게 팔려나갔다. 거리를 지나다가 사람들은 강아지를 보고 한결같이 이렇게 말했다. "와우! 정말 귀엽네! 우리 인연인가?"하며 아무런 입양 계획과 준비 없이 강아지를 입양해 갔다. 이로 인해 강아지 공장은 빠르게 급성장하며 반려동물산업을 활성화시켰다. 강아지 분양을 제대로 된 프로세스나 체계 없이 돈을 벌기 위한 목적으로만 운영한 결과였다. 그 결과 2020년 한해에 유기견은 13만 5천마리나 버려졌으며 그중 2만 6천마리가 안락사당하는 현실을 가져왔다.

　지난 2016년도에 강아지 공장 이슈가 터지면서 사람들의 관심과 동물보호법 개정에 대한 활동들이 이어졌다. 이 시점부터 우리는 애견이라는 단어보다는 반려견이라는 말을 선호하게 되었다. 또한 반려동물이라는 새로운 트렌드를 가져오면서 다양한 문화행사와 퍼포먼스들이 연출되었다. 그리고 중요한 한 가지는 전국의 수많은 보호자들이 반려동물 교육의 중요성을 알고 실천하고자 노력하게 되었다는 사실이다. 그렇게 세월이 흘러 이렇게 역사는 만들어지고 변화는 시작되고 있다. 반려견의 가치와 의미를 찾는 길이 점점 열리고 있는 것이다. 오늘도 거리에는 반려견을 데리고 산책하는 사람들을 많이 볼 수 있다. 그들에게는 반려견이 이제 가축이 아닌 반려라는 의미를 가진 가족이 되고 있다. 사실 반려견은 보호자의 정서적인 만족감으로 키워지는 동물이다. 보호자들은 반려견을 키우면서 그와 함께 교감하고 삶의 구성원으로 함께 하는 삶을 누리게 된다.

강아지를 너무나 좋아했고 입양하는 것이 행복했던 나는 어른이 되어서 펫숍을 오픈했다. 세상에서 가장 좋아하고 행복한 일이 강아지를 입양 보내는 일이라고 생각했던 순수한 꿈은 중대 질병이라는 홍역과 파보 앞에서 모두 무너지고 말았다. 그 당시에는 강아지 농장과 경매장의 잘못된 시스템으로 인해서 질병관리가 제대로 이루어지지 않았다. 결국 항체가 약한 강아지들은 전염병을 일으키며 죽어갔다. 펫숍의 강아지들을 살리기 위해서 매일 매일 동물병원을 다니며 약과 수액을 처치 받았다. 제휴 동물병원에서는 한 마리의 강아지를 치료하는 데 평균 20분에서 1시간 정도 소요되었고, 강아지들이 많이 아픈 만큼 많은 시간을 쏟아야 했다. 그렇게 수많은 시간을 질병과 사투했지만, 항체가 없는 환경과 제대로 된 관리가 되지 않은 부모견이 오직 번식을 위해 철장에 갇혀 있는 강아지 공장의 구조를 알게 된 이유부터 모든 것이 처음부터 잘못되었음을 알게 되었다.

모든 것을 알게 된 시점부터 반려견에 대하여 올바르게 교육받고 강아지와 교감하는 사람들을 만나고 싶었다. 하지만 제대로 그 마음을 전하고 준비된 내용의 콘텐츠로 쓰인 책이 너무나 많이 부족했다. 펫숍을 운영하면서 전염병으로 죽어가는 강아지들을 보며 얼마나 많이 울었는지 모른다. 그때의 눈물과 아픔이 다시는 누군가에게 슬픔이 되지 않게 하기 위해 글을 쓰기로 했다. 그렇게 반려견에 대한 소중한 의미를 전하는 꿈을 꾸게 되었다.

"

우리는 반려견에 대해서 얼마나 알고 있을까? 사실 반려견의 뜻은 한 가족처럼 사람과 더불어 살아가는 개를 의미한다. 개는 어떤 동물인가? 우리가 알고 있는 개는 집단생활을 하는 사회적인 동물이다. 혼자서 적응하고 살아가는 동물이 아니다. 만약 혼자서 너무나 많은 시간을 기다림 속에 살아간다면 이 친구들 일생의 많은 시간이 불행할 수 있다. 우리는 단 한번이라도 이러한 문제를 고민해 본 적이 있을까?

우리가 강아지를 키우면서 출근하거나 여행을 갔을 때도 반려견은 여러분들이 언제 다시 돌아올지 계속 문 쪽을 바라보고 있다. 늘 강아지들은 수많은 시간을 기다리고 있다.

하지만 강아지들은 한 번도 우리에게 화를 낸 적이 없다. 사회의 곳곳에는 지금도 여전히 집에 홀로 있는 강아지들이 참 많다. 마치 강아지를 필요할 때 꺼내서 노는 장난감으로 생각하는 경우가 너무 많다. 우리에게 반려견은 어떤 의미일까? 반려견을 가족으로 생각하는 사람들은 얼마나 있을까? 반려견은 정말 소중한 생명인가?

반려견이 태어나서 죽을 때까지에 이르는 전 생애주기를 생각해 보자. 반려견의 생명을 존중한다는 것은 한 마리의 강아지를 평생 행복하게 해 주는 것을 의미한다. 단순히 순간적으로 느껴지는 기분으로 강아지를 입양하는 것이 아니라 반려견 입양 계획을 세우고 강아지를 입양하는 것을 의미한다. 기본적으로 반려견을 입양하고 예방접종하고 건강검진 후 관리하는 것은 많은 비용이 들어간다. 반려견의 진료비는 일반 보험으로 적용되기 때문에 비용에 대한 부담이 많이 큰 것이 사실이다. 보통 2년이 되면 성견이 되기 때문에 그 사이에 질병 검사라든지 예방접종을 충실히 했다면 대략 100만 원 정도의 금액이 지출된다. 또한 매달 사료나 간식에 대한 지출 비용도 평균적으로 적게는 5만 원에서 많게는 10만 원 이상의 비용이 지출된다. 미용을 직접 하는 것이 아니라 애견 미용실에 맡겨서 진행한다면 5만 원에서 10만 원 사이의 비용을 분기마다 지출하게 된다. 그 외에 반려견의 집이나 패드, 장난감 등 강아지에게 필요한 기타 물품을 구입한다면 월 평균 10만 원 이상의 고정비도 발생하게 된다. 이외에 반려견이 평균적으로 성견이 되고 선천적인 질병이나 후천적인 질병이 발병하게 되면 수술이나 입원을 하게 된다.

필자의 경험을 비추어보면 필자의 반려견 코코 같은 경우는 4년 차에 접어들 때, 허리디스크 수술비용으로 400만 원 정도가 들어갔고 입원비는 600만 원 정도가 들어갔다. 순식간에 1,000만 원이 빠르게 지출되었다.

한 마리의 반려견을 제대로 키우는 데 얼마나 많은 비용을 들여야 하는 것에 대한 기준은 없다. 대한민국 사회는 아직 이러한 문제들에 대해서 제도화되거나 프로세스가 개선되어 법률에 적용되어 있지 않다. 여전히 사각지대에 놓여서 모든 비용을 보호자들이 부담해야 하는 현실에 놓여 있다.

현재 필자는 한 마리의 반려견을 키우고 있다. 강아지를 정말 좋아해서 많은 반려견을 키워보고 싶은 생각은 늘 가슴속에 있다. 하지만 자신이 책임을 지고 행복하게 해 줄 수 있는 선에서 일을 진행해야 한다. 강아지를 키우는 것에 대해서 보호자가 얼마나 많은 정보를 가지고 있느냐에 따라서 반려견의 행복이 결정되는 것이다.

반려견 지출 비용들을 전체적으로 정리해 보자. 우선 강아지 입양 후 성견이 되는 2년 동안 100만 원 정도가 지출된다. 키우다가 수술이나 입원을 시키게 되는 경우에 1,000만 원 정도가 지출될 수 있다. 또한 매월 10만 원씩 사료나 간식을 급여한다면 10년 동안 기준으로 1,000만 원 정도 지출될 수 있다. 그리고 강아지들의 복지를 위한 패드와 집, 장난감을 위해서 10년 동안 구매한다면 1,000만 원 정도 지출될 수 있다. 그 이외에 기타 복지를 위한 애견카페 등 문화 활동을 하는 것에 매년 50만 원 정도 지출한다고 가정하면 10년 동안 500만 원이 지출된다.

강아지 입양 후 100만 원에 키우다 수술하거나 입원하면 1,100만 원 그리고 사료나 간식까지 더하면 2,100만 원이 된다. 또한 강아지 복지를 위해 사용되는 비용까지 적용하면 3,100만 원이 된다. 마지막으로 문화활동비를 적용하면 3,600만 원 정도의 비용은 기본적으로 준비해야 하지 않을까 생각이 든다.

반려견을 생명으로써 존중한다면 입양 전에 이러한 비용적 고민도 한번 해 보아야 한다. 단지 귀여워서 입양하고, 밖에 줄을 묶어 강아지를 키운다면 평균 10년 이상을 사는 강아지들이 과연 얼마나 행복할까? 보호자가 어떻게 키우고 어떻게 삶을 함께 하느냐에 따라서 반려견의 행복지수는 변하게 되어 있다. 정말 생명으로써 사랑한다면 우리는 이러한 고민을 하고 계획과 실천할 수 있도록 노력해야 할 것이다. 우리가 생각하는 반려견의 의미는 어떤 것일까? 강아지를 입양해서 키우고 싶다면 신중하게 생각하고 공부하여 반려견을 입양했으면 한다. 반려견의 삶이 행복한 모습을 그려가는 여러분들이 되기를 바란다.

반려견을 키운다면 꼭 생각해 볼 문제가 하나 있다. 그것은 반려견이 보호자를 하루에 몇 시간이나 기다릴까? 라는 문제다. 우리는 반려견이 몇 시간을 기다린다고 답하고 있을까? 지난해에 서울시에서 조사한 연구에 따르면 반려동물을 기를 때 가장 어려운 점은 혼자 두고 외출하는  것이라고 55.1%가 응답을 했다. 또한 KB경제연구소의 연구 결과에 따르면 2018년 기준으로 개는 하루 기준으로 약 4시간 52분을 혼자서 기다리는 것으로 파악했다.

반려견을 키우는 보호자들은 기억해야 한다. 반려견들은 평균적으로 10년에서 15년 정도 살아간다는 사실이다. 반려견은 대부분의 많은 시간을 보호자를 기다리는 일에 사용하고 있다. 우리가 한번쯤은 반려견 입장에서 생각해 보면 너무나 많은 시간을 기다리는 반려견을 발견하게 된다. 필자도 직장을 다니며 바쁜 일상생활을 하기에 늘 사랑하는 반려견에게 미안한 마음이 앞선다. 하지만 시간이 날 때면 반려견과 함께 시간을 보내기 위해 최대한 노력한다. 이러한 과정이 있어야 반려견의 생애에서 아름다운 추억이 있고 행복한 삶이 있는 것이다. 이 글을 읽는 보호자들이 반려견이 당신만을 바라보고 있다는 사실을 꼭 잊지 않았으면 좋겠다. 과거 수많은 시간을 돌이켜 볼 때, 나를 이렇게 사랑해서 죽는 날까지 성실하게 주어진 자리에서 기다려주는 존재는 반려견 밖에 없었다. 그래서 그들의 사랑이 더욱 슬퍼지고는 한다.

알고 있듯이 강아지와 늑대는 공통점이 매우 많다. 사실 사람들에게 알려진 강아지 조상이 늑대라는 설은 여러 가설 중에서도 가장 유력한 설이라고 알려져 있다. 유전학적으로도 늑대와 개는 99% 이상의 높은 확률로 일치하고 있다. 사실 개와 늑대가 교배하여 태어난 늑대개의 경우도 사람과 함께 살아가는 친화력을 가진 경우가 있어서 늑대가 개의 선조라는 사실은 많은 사람들에게 익숙하게 알려져 있다. 해외에서 유명한 미국의 과학지 <사이언스>에 따르면 약 1만 5천년 전에 동아시아에서 늑대를 가축으로 길렀다고 한다. 돌이켜 보면 앞에서 말한 시절부터 늑대를 가축으로 기르면서 태어난 개가 전 세계로 전파되었다. 또한 이 개가 아시아 전역과 유럽에 이르기까지 수천 년의 역사를 가지며 확산되어 현재의 반려견이 되었다고 한다. 결국 이 과정에서 나라마다 다른 늑대와 교배되어 다양한 견종의 개가 탄생했다는 설이 존재하고 있다. 하지만 이와 다르게 늑대가 아니라 자칼이나 야생개는 다양한 품종과 교배되어 개가 탄생했다는 설도 있다. 야생에서 태어났지만 인간과 함께 살면서 길들여지면서 개로 진화를 하게 되었다는 이야기는 여전히 전해지고 있다. 사실 반려견은 사람들에게 좋은 친구이자 가족이다. 즉, 우리가 생각해 볼 것은 인간이 개와 만나지 않았다면 현재 같은 모습의 개들은 존재하지 않았을 것이라는 사실이다.

믹스견은 부모견의 특성에 따라 사이즈가 다르며 성격이나 생김새도 다르다. 믹스견은 혈통이 다른 견종끼리 교배되어 태어나는 견종이다. 부견이나 모견의 어느 한쪽의 특성이 강하게 나타나거나 양쪽의 성

향을 반반 닮은 경우도 있다. 요즘은 말티푸, 포메스피츠, 허스키 웰시코기 등으로 전혀 다른 강아지의 품종이 교배되어 인기를 끄는 경우도 있다. 사실 믹스견은 부모가 가진 마이너스적인 면을 최소화하며 튼튼한 몸을 가지게 한다고 알려져 있다. 그래서 많은 사람들은 믹스견들이 혈통견에 비해서 더 건강하다고 이야기 한다.

혈통견이라는 것은 혈통서가 있는 강아지를 의미한다. 혈통서라는 것은 사람의 주민등록증과 같은 증서라고 보면 된다. 혈통서에는 모든 반려견에 대한 순수 혈통임을 증명하며 개의 번식을 위해 기록된 가계도가 3대 이상으로 표시되어 있다. 이 혈통서를 기준으로 해서 개에 대한 올바른 번식을 진행하고 있다. 혈통서는 개에 대한 정보가 있는데, 내용을 살펴보면 견종, 견명, 모색, 동배견, 혈통번호, 색인번호, 상력, 등록일, 번식자, 소유자 등의 정보를 담고 있는 것을 알 수 있다.

특히 그중 가장 어렵게 생각하는 말에는 "일태자견"이라는 말이 있다. 이 말은 반려견들의 혈통을 알려주는 혈통서에 명시된 용어다. 일태자견이라는 말은 동일한 부모견에 의해서 같은 날에 태어난 강아지를 의미한다. 일태자견 혈통서 발급은 부모견의 혈통 등록을 인정받기 위해 출생 후 협회에 90일 이내에 혈통서를 신청해야 발급받는 증서를 의미한다. 혈통서에는 2가지 종류가 있는데, 부모견과 조상에 대한 혈통을 관리하는 4대 혈통서와 반려견 순수 혈통에 대한 순혈 여부를 판단하는 단독견 혈통서가 있다.

단독견 혈통서는 4대 혈통서와는 다르게 순수 혈통임을 확인한 후에 반려견의 순혈 여부를 심사위원이 판단하여 협회에서 발급해 준다. 이 혈통서는 발급을 신청한 개의 사진을 첨부하여 심사위원이 순수 혈통임을 감정하여 발급하는 혈통서다. 현재 대한민국에서는 애견협회나 애견연맹이 주관하는 행사에서 무료혈통 감정을 받을 수 있으며 협회의 회원으로 등록하여 사진을 찍어 전송하여 혈통 유무에 대한 절차를 진행할 수 있다.

협회에 회원으로 등록한 후 해당 반려견의 사진을 첨부하고 심사위원의 심사를 받으면 된다. 단독견 혈통서는 부모견들에 대한 정보는 알 수는 없지만 순종에 대한 유무는 정확하게 확인할 수 있는 장점이 있다.

1.6 반려견 품종마다 성격이 다른 이유는?

반려견은 품종마다 성격이 다르다. 또한 강아지가 어린 시절에 어떻게 사회화 교육을 받았느냐에 따라서 반려견이 항상 긍정적이고 활발하게 활동할 수도 있다. 그러나 적절한 시기에 제대로 된 사회화를 경험하지 못하는 강아지들은 대부분 쉽게 흥분하며 분위기를 너무 띄워주면 조심성이 없기 때문에 사고를 치는 경우가 많다.

이러한 관점에서 사람에게 친절하고 쉽게 유대를 가지는 강아지들은 래브라도 리트리버, 시츄, 아프간 하운드, 웰시코기와 같은 견종들이 있다. 강아지의 성격이 저마다 다른 이유는 사회화 시기에 어떻게 교육을 받았는지가 정말 중요한 요소로 작용한다. 특히 강아지들 중에서도 부끄러움이 많거나 소심한 강아지들이 있다. 이러한 강아지들은 대부분 젖도 떼기 전에 입양가거나 부모견의 곁에서 배워야 할 사회화 교육을 제대로 받지 못한 강아지들이 대부분이다. 사람이 말하는 기본적인 반려견 교육이 아니라 개로써 태어나 부모견들을 보면서 배우게 되는 교육은 동물로서 삶에서 배우는 중요한 요소이다. 사실 시기라는 것이 있다. 생후 2개월 에서 4개월이 강아지에게는 가장 중요한 시기다. 이 시기에 강아지가 새로운 환경을 두려워하지 않고 잘 적응할 수 있게 도와야 한다. 강아지들 중에서도 선천적으로 변화에 잘 적응하는 품종들이 있다. 이러한 관점에서 사람들의 환경에 잘 적응하는 견종으로는 페키니즈, 휘핏, 달마시안 등과 같은 견종들이 있다.

또한 강아지들 중에는 독립심이 무척 강한 강아지가 있다. 이 강아지는 오직 주인에 게만 충성하며 주 양육자 중심의 삶을 이어간다. 이로 인해 다른 가족들에게는 다소 무관심하게 대하는 경향도 있다. 독립심이 무척 강하며 고집이 세다. 이 강아지를 키울 때는 강아지에게 어떻게 동기부여를 할지를 고민해서 훈련해야 한다. 보통 사람들 사이에서 알려진 샤페이, 시바, 허스키, 아키타 등과 같은 견종이 이러한 성격을 가진다.

마지막으로 강아지들 중에 리더십을 가진 강아지들이 있다. 항상 자신감이 넘치 며 다른 개들과 있을 때 서열을 빠르게 정리하는 강아지가 있다. 주변 상황에 두려움 이 없고 항상 몸에 힘을 주게 된다. 또한 털도 세우며 꼬리를 위로 말려 올린 채 항상 긴장한 상태로 지내는 강아지도 있다. 보통 사람들 사이에서 알려진 로트와일 러, 불독, 슈나우저 등과 같은 견종들이 이러한 성격을 가진다.

이처럼 강아지의 성격은 보호자가 강아지를 입양 후에 어떻게 성격을 형성해 주느냐에 따라서 달라질 수 있음을 명심해야 한다. 우리는 강아지와 함께 하는 시간 을 정말 소중하게 생각해야 한다. 왜냐하면 강아지는 2년 안에 개춘기를 거쳐서 빠르게 어른이 되기 때문이다. 어린 시절을 거쳐서 어른이 되는 시간이 너무나 짧다. 중요한 것은 이 시기에 성격이나 자아가 빠르게 형성된다는 사실이다. 어떻게 교육시 키느냐에 따라서 반려견의 모습은 너무나 큰 차이를 보이게 된다.

처음 강아지를 키우면서 고민하는 문제는 바로 보호자가 반려견의 리더가 되는 것이다. 보호자로서 리더가 되기 위해서는 반려견과 상호작용하는 방법을 배워야 한다. 반려견은 새로 환경이 바뀌게 되면서 너무나 많은 혼란을 겪게 된다. 이때 반려견을 위해 보호자는 이러한 혼란을 최소화 할 수 있다. 이러한 관점에서 반려견의 리더로서 5가지 규칙을 함께 고민해 보자. 우리가 리더가 되기 위해 알아야 할 5가지는 아래와 같다.

첫 번째, 반려견의 두려움을 줄여주는 긍정훈련을 해라.

반려견이 새로운 환경에 적응하는 것은 무척 힘든 일이다. 이와 같은 상황에서 반려견이 환경에 잘 적응할 수 있도록 소리를 지르거나 꾸짖는 행동은 하지 않아야 한다. 반려견이 두려움이 아닌 훈련에 대한 긍정적인 면과 재미를 느낄 수 있도록 알려주어야 한다. 예를 들어 '앉아' 훈련을 시킬 때, 강압적으로 손으로 누르는 훈련보다는 간식이나 물건을 위로 올리면서 강아지의 시선을 집중시킬 필요가 있다. 이때 강아지가 자연스럽게 앉게 되면 즉시 보상을 아끼지 않아야 한다. 강아지는 아주 사소한 반응에도 즉시 대응하는 보호자의 행동에 자신감도 얻고 행복함을 느낄 수 있다. 모든 훈련에 정답은 없다. 처음은 누구나 다 어렵다. 당신을 바라보는 반려견에게 사랑하는 마음으로 따뜻한 인내와 관심이 필요할 뿐이다.

두 번째, 반려견의 행동에 즉각 보상하라.

반려견이 좋은 행동을 했다면 타이밍과 패턴을 정확히 일치시켜 즉시 보상해야 한다. 반려견은 격려와 보상에 긍정의 의미를 가진다. 격려와 보상을 반려견에게 잘 이해시킨다면 반려견은 나쁜 행동을 최소화하게 된다. 가장 중요한 것은 타이밍과 일정한 신호임을 잊지 말고 강아지를 대하게 된다면 정말 좋은 보호자가 될 수 있을 것이다.

　세 번째, 반려견과 함께 하는 활동시간과 휴식시간을 정확하게 구분하라.

　반려견과 함께 활동하는 시간과 휴식에 대한 시간의 일정한 패턴이 정말 중요하다. 반려견을 키운다는 것은 우리의 삶에 일부분을 차지하고 사람과 함께 살아가는 것을 의미한다. 그러므로 우리는 반려견이 함께 생활하는 공간에서 안정을 취하고 생활할 수 있도록 도와야 한다. 도심 속의 아파트나 빌라에서 함께 생활하기 위해서 반려견의 생활공간을 분리하고 정해진 시간과 규칙에 의해서 활동하며 산책시키는 것은 무척 중요하다. 항상 반려견을 키우는 데 있어서 계획이 중요한 것은 동물이 가진 본능을 사람들이 인위적으로 억제해야 하기 때문이 아닐까라는 생각이 든다. 사실 사람들과 개가 함께 살아가려면 본능을 억제해야 하는 상황이 너무나 많이 생긴다. 그렇기 때문에 반려견이 잠을 자거나 아무도 없을 때 조용히 지내는 법 등을 배워야 한다. 분리불안이나 문제행동은 이러한 영역에 대한 구분과 시간에 대한 구분 없이 반려견을 대할 때 가장 많이 생긴다. 반려견의 아이큐가 3세에서 5세 정도 수준임을 항상 고민하여 대해야 한다. 정말 반려견을 잘 키우고 싶다면 활동시간과 휴식시간을 구분하여 계획을 세워 반려견을 키워야 한다.

　네 번째, 반려견의 리더가 되기 위해 일관성 있게 하라.

　우리는 반려견에게 행동을 유도하는 모습을 보여야 한다. 마치 사건의 실마리만 제공하고 그 문제에 대한 해결은 반려견이 할 수 있도록 도와야 하는 것이다. 여기서 말하는 일관성이란 항상 동일한 억양과 동일한 발음으로 정확한 단어를 사용하는 것을 의미한다. 사람의 기분에 따라서 말의 높낮이가 다르다. 하지만 이러한 감정이 담긴 말은 반려견으로 하여금 많은 혼란을 줄 수 있으므로, 적절한 단어와 행동에서는 항상 동일한 일관성을 유지하는 것이 필요하다. 만약 보호자가 기분 좋은 날은 밝게, 기분 나쁜 날은 화내면서 강아지를 교육시킨다면 반려견으로 하여금 존경심을 잃게 만드는 효과를 가져올 수 있다.

다섯 번째, 반려견이 실수를 항상 인정하고 새로운 전략을 시도하라.

당신의 반려견이 항상 완벽한 훈련을 할 거라는 생각은 버려라. 반려견은 항상 원하는 모든 행동에 낯설다. 우리는 애정을 가지고 그들이 올바른 행동을 할 수 있도록 도와주어야 한다. 마치 어린아이가 걸음마를 할 수 있도록 계속 지켜보며 응원하는 것처럼 곁에서 노력해야 한다. 반려견에 대한 훈련의 결과는 지속적인 관찰과 관심으로부터 시작된다. 원하는 결과를 얻지 못하는 상황에서 새로운 전략과 방법으로 시도함으로써 눈높이를 맞추어 주는 노력을 해야 한다. 반려견을 가르친다는 것은 효과가 있거나 없더라도 수없이 인내하면서 참고 가르치면서 교감하는 것이다. 그렇게 노력하다 보면 끝내 당신의 반려견이 깊은 보호자의 마음을 이해하게 될 것이다. 그때가 바로 훈련의 새로운 시작임을 잊지 말자.

1.8　반려견의 감정은 어떻게 알 수 있을까?

반려견은 사람처럼 말을 사용할 수 없기 때문에 우리는 반려견의 움직임과 입모양을 통하여 의사소통과 교감을 할 수 있다. 반려견들의 광범위한 감정과 행동의 표현을 잘 관찰하게 되면 그 표현의 의미를 알 수 있다. 우리는 반려견이 사람처럼 이야기 해 주기를 원하지만 현실에서 강아지들은 이야기할 수 없다. 하지만 반려견과 마음을 교감하고 행동하는 패턴을 이해함으로써 반려견의 신체가 말하는 언어의 소리를 들을 수 있다. 우리는 반려견의 감정을 이해하기 위해서 그들이 어떤 행동을 취하는지를 이해하고 공부해야 한다.

첫 번째, 반려견의 귀로 심리상태를 알 수 있다.

반려견 귀는 모든 모양과 크기가 행동의 표현에 따라 변한다. 평온하고 만족스러운 기분일 때 자연스러운 자세로 귀를 편하게 하는 경향이 있다. 경고할 때와 공격적일 때 반려견들은 귀를 직립하거나 긴장된 귀를 머리 위로 향해 관심이 가는 방향을 향해 바라본다.

두 번째, 반려견 눈을 보고 느끼는 감정을 알 수 있다.

반려견도 사람과 마찬가지로 눈을 통해 느끼는 감정을 표현한다. 만족하는 기분일 때는 편안한 표정으로 부드러운 눈으로 당신을 바라본다. 직접적으로 응시할 때는 반려견이 위협을 느끼거나 두려움을 느낄 경우에 해당한다. 반려견의 시선은 항상 상호작용의 관점으로 바라볼 필요가 있다. 우리가 반려견의 시선을 바라볼 때 천천히 다가서야 하는 이유도 서로의 감정의 단계를 교감하기 위한 과정이다.

세 번째, 반려견의 입을 보고 감정의 변화를 알 수 있다.

반려견은 사람의 입이 보여주는 감정을 모방하는 경우가 많다. 평온하고 만족스러운 기분일 때는 부드럽고 편안한 입 형태를 띠게 된다. 하지만 긴장되거나 경계를 해야 하는 상황에서는 반려견의 입이 빡빡하거나 긴장되는 형태로 나타나는 경우를 볼 수 있다. 일부 반려견의 구부러진 입술과 노출된 치아가 경계를 나타나는 경우로 착각할 수 있지만 사람의 감정을 따라 미소 짓는 형태를 보이는 경우도 있다. 반려견이 혀를 가볍게 치거나 핥는 것은 불안감을 나타내는 현상으로, 하품을 통해 강아지는 혈압을 낮추고 진정시키려는 행동을 한다.

네 번째, 반려견의 근육을 보고 전체적인 감정을 알 수 있다.

반려견의 근육은 전체적인 감정의 표현을 나타낸다. 특히 머리와 어깨의 긴장된 근육은 무섭거나 경계를 해야 하는 상황을 나타낸다. 두려운 상황이나 경계를 해야 하는 상황에서 반려견의 털이 서 있는 경우도 가끔 볼 수 있다. 평온하고 만족스러운 기분일 때는 부드러운 모질을 보여주며, 무섭거나 경계를 해야 하는 경우는 자신의 자세를 최대한 크게 보이기 위해 목과 등을 올리는 과정을 볼 수 있다.

다섯 번째, 반려견의 꼬리의 움직임을 보고 반려견 감정의 방향을 알 수 있다.

꼬리 위치와 움직임은 반려견 감정의 큰 지표다. 사람을 좋아해서 친근함의 표시를 나타낼 때는 꼬리를 높게 들고 좌우로 빠르게 움직인다. 신경이 쓰이거나 두려운 상황에서는 꼬리를 내리고 천천히 움직인다. 또한 두렵거나 위험한 상황에서는 꼬리를 감추는 경우도 있다. 평온하고 만족스러운 기분일 때는 사람들에게 친근함을 표시하기 위한 꼬리의 움직임을 보인다.

1.9 반려견에게 사료는 하루 몇 번 급여해야 할까?

반려견을 키우는 사람들이 사료의 양을 하루에 몇 번을 급여해야 할지 모르는 경우가 참 많다. 우리는 반려견을 키우면서 어떻게 사료를 급여해야 할지를 고민해야 한다. 어린 강아지부터 노령견에 이르기까지 모든 연령대에 맞는 사료 급여 방식이 있다. 어린 강아지의 경우는 빠르게 성장하기 때문에 영양가가 높은 사료를 급여하는 것이 좋다. 강아지들은 한 번에 많은 양의 사료보다는 짧은 간격으로 천천히 사료를 급여하는 방식을 선택해야 한다.

새끼 강아지가 생후 6주에서 12주 사이라면 사료를 먹기 편하게 물에 불려서 주는 것이 좋다. 사료의 급여 횟수는 평균 4번 정도 급여하는 것을 권장한다. 생후 3개월에서 6개월 된 강아지는 건사료를 급여할 수 있으며 사료 급여 횟수는 평균

3번 정도 급여하는 것을 권장한다. 이 시기에는 강아지들의 젖살이 빠지기 시작한다.

생후 6개월에서 12개월 된 강아지의 사료 급여 횟수는 평균 2번 정도 급여하는 것을 권장한다. 이 시기는 미성견으로 점점 성견이 되어가는 시기다. 보통 이 시기에 영양소를 고려하여 사료를 바꾼다. 사실 사료가 갑자기 바뀌게 되면 강아지가 배탈이 나는 경우가 있다. 그렇기 때문에 사료를 바꾸고자 한다면 점진적으로 조금씩 섞어서 급여하다가 일주일 단위로 바꾸어가는 것이 좋다. 새로운 사료의 급여량을 점점 늘려나가면서 예전 사료를 줄이는 방식을 선택하는 것이 가장 현명하다.

미성견 시기를 지나 성견이 된 강아지들은 아침과 저녁으로 두 번의 급식을 한다. 이 시기에는 강아지가 규칙적으로 식사를 하는 것이 매우 중요하다. 성견이 된 이후에는 활동량을 잘 고려해야 한다. 그렇지 않으면 활동량이 적은 상황에서 고칼로리 사료를 급여하게 되어 비만이 되는 경우가 많다.

마지막으로 생후 7년이 된 노년기 시절에는 강아지의 면역체계와 소화계 등이 약해지는 시기다. 이럴 때는 노견들이 먹을 수 있는 영양소를 고려한 사료를 급여해야 한다. 노화 현상이 시작되는 강아지의 신진대사를 가장 잘 이해하여 제작하는 업체의 처방식 사료를 급여하는 것이 가장 현명하다. 노령견에게 어떤 영양소를 급여하고 알맞은 열량을 낼 수 있는 사료를 급여하는 것은 정말 중요한 일이다.

"개가 풀을 뜯어 먹는 소리"는 사람들의 이야기가 황당하거나 필요 없는 말을 하는 사람들에게 하는 말을 의미한다. 하지만 욕과 같은 이 말은 사실 진실이다. 그 이유는 개가 정말 풀을 뜯어 먹기 때문이다. 개들은 연한 새싹과 같은 풀을 실제로 먹는다. 이 풀을 먹게 되면 실제로 소화기관을 거쳐 섬유소 화가 되어 장을 깨끗이 청소하는 효과가 있다. 개가 풀을 급여하게 되면 먹을 당시의 모양대로 구토하거나 배변으로 나오게 된다. 오늘은 개풀과 관련된 4가지를 이야기하고자 한다.

첫 번째, "개풀 뜯어 먹는 소리하고 있네"라는 말이 있다.

우리는 종종 우스갯소리로 '개풀 뜯어 먹는 소리' 한다고 한다. 말도 안 되는 이야기를 하거나 황당한 이야기를 할 때 종종 쓰곤 하는데 실제 강아지가 산책할 때나 집에 있는 화초를 뜯어 먹는 모습을 볼 수 있다. 개들은 물론 육식을 좋아하지만 잡식성 동물이고 약간이지만 야채도 먹는다. 어떤 개들은 풀을 뜯어 먹고도 토하지 않는다. 호기심이나 맛있어서 먹는 개들도 있겠지만 섬유질이 필요해서 먹을 수도 있다.

두 번째, 풀은 소화기관을 깨끗하게 청소한다고 한다.

개들에게 풀이 효과가 있을까? 풀은 사실 소화기관을 깨끗하게 하는 작용을 한다. 개들은 대부분 풀을 씹지 않고 삼키는데 따가운 풀들이 소화기관의 벽을 긁어 토하게 만든다. 그러나 습관적으로 풀을 뜯어 먹거나 매일 토하고 잘 먹지 못하는 증상을 보인다면 수의사에게 진찰을 받아야 한다.

세 번째, 산책 시 풀을 먹는 경우 사고가 날 수 있다.

요즘에는 공원이나 주변 환경에 살충제, 제초제 등을 뿌려, 농약 성분이 많기 때문에 강아지와 산책 시 되도록 길에 버려진 간식이나 음식을 먹지 못하게 해야 한다. 풀을 먹는 것을 좋아하는 반려견이라면 집에 깨끗하게 씻은 풀이나 야채를 준비하여 비타민이나 미네랄 섬유질을 보충해 주는 것도 좋다. 안전과 위생이 가장 중요하다. 왜냐하면 강아지가 독극물이나 잘못된 것을 먹게 되어 폐사하는 사례도 많다. 최근 공원 주변에 사료 형태의 비료를 주워 먹고 죽은 반려견들이 있다. 보호자의 한순간의 잘못된 판단이 반려견의 생명을 잃게 하는 결과로 돌아올 수 있음을 명심해야 한다.

네 번째, 강아지에게 풀이 아닌 부족한 영양소를 채워주어야 한다.

요즘에는 수제 간식도 많이 만들어주는 보호자들이 있는데 당근이나 다양한 야채 콩깍지 등을 넣어 간식을 만들어주면 좋다. 강아지 사료에 섞어 주면 입맛을 북돋아 주거나 부족한 영양소를 채울 수 있다. 풀을 잘못 급여하고 사고를 경험하기 이전에 강아지에게 어떤 영양소가 필요한지를 먼저 고민  해야 한다. 그래야 건강하고 오래 사는 강아지를 볼 수 있다.

1.11 반려견은 왜 배변을 먹을까?

최근 반려견을 키우는 사람들이 점점 늘어나고 있다. 이와 함께 반려견이 변을 먹는다는 질문도 점점 증가하고 있다. 처음 반려견이 변을 먹는 것을 본 보호자들은 순간적으로 당황하게 된다. 또한 당혹스러운 상황에서 어찌할 줄을 몰라서 당황하는 경우가 많다. 우리는 이것을 소위 식분증이나 호분증으로 부르고 있다.

많은 전문가들이 여러 가지 이유와 원인을 찾고자 했지만 현실적으로 치료할 수 있는 방법은 많이 미미한 현실이다. 반려견의 건강상태나 행동학적인 원인을 분석하여 이와 같은 행동을 반복하지 않도록 해 주는 노력이 필요하다. 그렇다면 식분증의 원인은 무엇일까?

첫 번째, 강아지가 배고파서 변을 먹는다.

강아지가 췌장 효소 부전증에 걸린 경우에는 사료를 제대로 소화시키지 못해 변에서 사료 맛을 느끼게 된다. 이로 인해 강아지는 변을 사료로 생각하여 먹는 경우가 있다. 또한 사료의 양이 현저히 부족하거나 영양소 중에 지방의 함량이 높은 경우는 영양 상태가 부족하여 변을 먹는 경우가 있다. 이와 같은 상황에서는 전문가인 수의사에게 상담하여 소화 효소제를 급여받아 치료해야 한다.

두 번째, 강아지가 혼자 있고 분리불안일 때 스트레스로 변을 먹는다.

강아지가 혼자서 방치되거나 스트레스가 심한 경우에 변을 먹는 경우가 있다. 강아지가 배변에 대한 실수를 숨기려고 먹는 경우도 있으며 보호자가 배변할 때 심하게 혼을 낸 경우에도 스트레스로 인해 변을 먹는 경우가 있다. 또한 강아지에게 혼을 낼 때 겁을 주는 행동으로 스트레스를 유발하여 변을 먹는 경우도 있다. 최대한 보호자는 반려견이 스트레스를 받지 않도록 주의해야 한다.

세 번째, 경쟁적인 상대 강아지가 있는 경우에 경쟁심리로 인해 변을 먹는다.

강아지를 두 마리 이상 키우는 환경에서 서로 질투하고 경쟁하는 관계에 있다면 때에 따라서는 경쟁심리로 인해 변을 먹어버리는 행동을 나타내기도 한다. 강아지는 좁은 공간에서 자신만의 생활을 한다. 이로 인해 주변의 청결에 매우 신경을 쓰게 된다. 이때 청소가 안 되거나 더러워진 환경에서는 강아지 스스로 청소를 하기 위해 식분증을 유발하는 경우도 있다.

강아지는 사람이 생각하는 것보다 매우 섬세한 감정을 가진 감성적인 동물이다. 사람이나 다른 동물들과 함께 살아가면서, 강아지는 여러 가지 원인에 따라 스트레스를 받는다. 강아지의 타고난 본능을 충족시키지 못한다거나 생리적 욕구를 해소하지 못할 때 심한 스트레스를 받는다. 또한 가족의 무관심으로 외로울 때나 질병이나 부상으로 육체적 고통에 시달릴 경우에도 많은 스트레스를 받는다.

강아지도 사람과 비슷하게 살아있는 생명이기 때문에 스트레스를 받지 않을 방법은 사실상 없다. 스트레스가 장기간 강아지에게 장기화 되어 질병이 되지 않도록 미리미리 사전에 예방하는 것이 정말 중요하다. 강아지가 스트레스를 받게 되면 심장기능이 활발히 움직이게 되고 소화기관의 기능이 일시적으로 중단되기도 한다. 이로 인하여 소화불량이나 식욕부진, 설사 등을 하게 되는 경우가 많다. 강아지는 호르몬을 분비하여 혈압을 높이고 면역기능을 약화시키게 된다. 스트레스는 어린 강아지에게 정말 치명적인 요인이 된다.

강아지가 우리에게 어떻게 자신의 상황과 상태를 알릴까? 만약 강아지가 스트레스를 받고 있다면 보호자나 가족들에게 어떠한 신호를 보낼까? 강아지의 사소한 행동이 평소와 조금이라도 다르게 느껴진다면 이러한 관점으로 살펴보아야 한다.

첫 번째, 강아지가 특별한 이유 없이 자주 짖거나 사람에게 달려들어 무는 증상을 보이면 스트레스 유무를 체크하라.

방위 본능이 아주 강한 강아지는 특별한 이유가 없어도 예민하게 짖는다. 만약 강아지의 환경이 특별한 변화가 없는데, 계속 짖는다면 정신적인 욕구불만이 원인이라는 것을 확인해야 한다. 강아지는 자신이 위급하다고 판단될 때는 무는 것이 당연하다. 왜냐하면 본능적으로 강아지는 동물이므로 위와 같은 상황에서는 무는 것이 당연한 상황이다. 만약 강아지가 별다른 이유도 없이 달려들어 사람을 문다면 스트레스가 원인이 되어 공격적인 성향을 보인 것이라 추측할 수 있다.

두 번째, 강아지가 설사를 한다면 스트레스 유무를 체크하라.

사람은 스트레스를 계속 받게 되면 설사를 계속하게 되는 경우가 많다. 이처럼 강아지도 스트레스가 쌓이면 전반적으로 면역기능이 떨어져 설사를 하는 경우가 많아진다.

세 번째, 강아지가 허탈 증상을 보일 경우에 스트레스 유무를 체크하라.

강아지가 기침이나 재채기를 한다면 스트레스 유무를 체크해야 한다. 또한 강아지가 현실감을 잃은 것처럼 멍한 상태로 하품을 하거나 재채기를 하며 눈물을 흘리는 경우도 스트레스가 있는지를 확인하는 중요한 요소가 된다. 강아지가 산책을 매우 좋아했지만 스트레스가 심해지게 되면 산책 시에 의욕적이지 않은 모습을 보이게 된다. 강아지가 점점 무기력해지고 보호자를 잘 따르지 않게 된다면 분명히 큰 문제가 있는 것이다. 이와 같은 상황에서는 강아지가 식욕이 없거나 기력이 없는 경우가 참 많다. 보호자는 이러한 상황을 잘 체크하여 원인이 무엇인지를 잘 파악해야 한다.

네 번째, 강아지는 스트레스를 받거나 질병에 걸리게 되면 식욕이 크게 떨어지거나 음식 자체를 아예 거부하게 된다.

특별히 아픈 곳이 없는데도 평소 좋아하던 사료나 간식 등을 먹지 않는다면 강아지가 스트레스를 받고 있다고 생각하면 된다. 그 외에 강아지의 입 주변이나 앞발, 다리를 계속 핥는 경우도 스트레스를 의심해야 한다. 강아지가 평소에 약간씩 긁는 것은 털에 묻은 이물질 등을 털어내는 행동으로 봐야 한다. 하지만 강아지가 몸을 세게 긁거나 앞발을 계속 핥아 털도 빠지고 그 부위에 염증이 생기는 경우도 드물게 있다. 더운 날씨가 아닌데 발이 땀에 젖고, 헐떡거리며 몸을 떨거나 마치 물을 털어내듯이 몸을 흔들기도 한다. 이러한 행동이 반복된다면 스트레스의 증상

중 하나라고 생각할 수 있다.

　강아지가 가정에서 스트레스를 받으면 같은 장소를 빙빙 돌거나 자신의 꼬리를 쫓아 빙빙 도는 경우도 있다. 실외견인 경우에는 마당에 계속 구멍을 파기도 한다. 이러한 반복적인 행동은 정신질환의 한 증상으로서 점차 그 행동이 습관이 되기도 하며, 나중에는 그 행동들을 하지 않으면 강아지 스스로 불안해지는 강박신경증이 될 수도 있다. 이러한 행동을 보인다면 보호자는 강아지를 주의 깊게 살펴보아야 한다. 또한 배변 혼란과 지나친 과잉행동, 과소행동이 있는지도 살펴보아야 한다. 강아지가 배변훈련을 완료했음에도 실수를 하거나 평소 행동과는 달리 지나칠 정도로 응석을 부릴 때가 있다. 이럴 때에도 강아지가 스트레스를 받아 그럴 수도 있으니 주의 깊게 살펴보는 것이 좋다. 이렇게 다양한 증상으로 강아지는 스트레스 증상들을 보이기도 한다. 보호자는 강아지가 이러한 스트레스를 해결할 수 있도록 도와야 한다. 그렇다면 스트레스는 어떻게 해소시킬 수 있을까?

　강아지 스트레스는 그때그때 바로 풀어주는 것이 좋다. 사실 강아지 스트레스는 운동시간과 접촉시간에 비례한다고 볼 수 있다. 보호자와 함께 산책하며 자연스러운 행동으로 그동안 참아왔던 에너지를 모두 방출할 수 있다. 보통 강아지들은 평균적으로 적게는 8시간에서 많게는 10시간 이상 철장이나 줄에 묶여 밖에 나가지 못하는 상황이 참 많다. 이로 인해 스트레스가 누적되어 쌓이기도 한다. 이러한 상황은 산책과 같은 가벼운 움직임과 운동을 규칙적으로 함으로써 불필요한 에너지를 배출시켜 줄 수 있다.

　또한 보호자가 강아지에게 부드럽게 말을 하며 적당한 스킨십을 해 주는 것은 강아지의 정서적인 욕구를 충족시켜주는 행동이다. 강아지가 가족과 보호자로부터 항상 사랑과 관심을 받고 있다는 것을 충분히 느끼게 해 주는 것은 매우 중요하다. 강아지가 스트레스를 받은 상태에서 했던 행동들에 대해 절대로 체벌하거나 혼을 내지 말고 그 원인에 대한 해결부터 선행해야 한다. 강아지도 사람과 마찬가지로 스트레스는 질병의 원인이 된다.

강아지를 키우는 사람들이 가장 많이 고민하는 문제 중의 하나가 털을 관리하는 것, 즉 털빠짐이다. 특히 강아지들 중에는 털이 많이 빠지는 견종이 있다. 보통 강아지들이 털갈이를 할 경우에만 털이 빠지는 것으로 착각하는 사람들이 의외로 너무나 많다. 나와 맞고 털 관리가 쉬운 견종을 선택하는 것도 중요하다. 물론 털에 대해서 민감하지 않거나 알레르기 등이 없는 사람들의 경우는 위의 경우와 다를 수 있다.

사람들은 보통 털이 긴 장모종의 견종이 털이 많이 빠지는 것으로 알고 있지만, 의외로 단모종들이 털이 더 많이 빠진다. 단모종의 짧은 털들이 촘촘하게 빠지기 때문에 털이 안 빠지는 것으로 착각하는 경우가 많이 있다. 강아지 생애에서 생후 평균 3개월에서 4개월 되었을 때 첫 털갈이를 시작하는 경우가 많다. 어릴 적 배냇 털을 벗고 강아지의 모색이 변하는 경우도 있다. 이러한 상황은 자연스러운 현상이니 놀랄 필요는 없다.

자! 그렇다면 어떤 견종들이 털이 많이 빠질까? 평균적으로 털이 많이 빠지는 견종들은 대부분 이중모의 털을 가지고 있다. 이중모는 겉털과 속털로 이중의 구조를 가진 것을 의미한다. 이러한 이중모를 가진 강아지들이 많다.

보더콜리, 스피츠, 포메라니안, 사모예드, 시바견, 웰시코기, 시베리안 허스키 등이 이중모를 가진 강아지들이다. 이러한 강아지들은 대부분 털 관리에 많은 신경을 써야 한다. 요즘은 털을 빗겨주는 장갑 같은 제품들이 시중에 나와 있다. 장갑을 착용하여 문지르기만 해도 털이 제거할 수 있다.

보통 가정에서 털이 카펫에 많이 빠진 경우는 베이킹 소다를 뿌려둔 후에 카펫에서 엉켜 버린 털을 청소기로 제거하는 방법은 무척 유용하다. 이때 베이킹 소다를 강아지가 먹지 않도록 주의해야 한다.

산책을 하다 보면 강아지가 한쪽 다리를 들고 소변을 조금씩 보는 것을 볼 수 있다. 주로 수컷의 강아지가 이런 행동을 한다. 이 행동의 의미는 영역표시다. 사실 마킹이라는 단어의 원형은 마크(Mark)다. 사전적인 의미는 '표시하다'는 의미를 담고 있다. 우리 주변의 나무나 돌, 풀숲 등에서 강아지는 마킹을 한다. 이러한 행동을 하는 것은 반려견이 자신의 영역을 표시하기 위함이다. 반려견에게 있어서 마킹은 아주 중요한 일종의 대화수단이다. 소변을 통하여 다른 강아지들에게 자신의 존재를 알리는 것이다.

강아지는 왜 마킹을 하는 것일까? 실내에서 강아지를 키운다면 마킹에 대한 문제로 많은 고민을 한다. 특히 다견의 가정에서는 강아지들이 서로 자신의 영역을 표현하기 위해서 "나! 여기 있어"라는 의미로 주변 물건이나 물체에 마킹하는 경우가 있다. 강아지는 환경이 바뀌거나 스트레스를 받

을 때 마킹을 할 수 있다. 또한 질병에 걸린 경우에도 자주 마킹하거나 소변의 횟수가 증가할 수 있다.

보호자가 꼭 알아야 할 것은 마킹은 본능적인 욕구라는 사실이다. 강아지를 잘 키우기를 원한다면 산책과 훈련을 통해서 마킹을 자연스럽게 할 수 있도록 해 주는 것도 중요하다. 무조건 강압적인 통제가 아닌 자연스러운 과정 속에서 규칙을 배울 수 있도록 보호자는 노력해야 한다.

대체로 수컷이 암컷 위로 올라타서 교미 자세를 취하는 행위를 마운팅이라 하는데, 성별이나 대상에 상관없이 이 자세를 취하기도 한다. 이것은 꼭 교미만을 위한 행동이 아니라 자신의 우위성을 과시하거나 서열을 확립하기 위해서 또는 놀이의 의미로도 볼 수 있다.

사람에게 마운팅하는 경우에는 자신의 우위성을 드러내는 행위나 성적 해소를 하려는 욕구일 수 있으므로 못하게 하여 서열을 확인시켜 주는 것이 좋다. 인형이나 쿠션 등에 마운팅하는 경우 놀이나 성적 욕구의 해소를 위한 행동으로 많이 하게 된다. 강아지를 잘 관찰해보면 봉제 인형이나 쿠션 등에 마운팅하는 것을 알 수 있다.

수컷의 경우에는 마운팅 행위나 마킹을 못하도록 하기 위해 중성화 수술을 하는 경우도 있다. 그러나 마운팅은 습관이므로 행동에 대한 교정이 필요하다. 중성화 수술만으로 근본적인 문제가 해결되지는 않는다. 사실 발정 경험이 있는 성견이거나 습관처럼 마운팅을 하는 강아지라면 수술 후에도 이 같은 행동을 보일 수밖에 없다. 강아지의 자아가 형성되는 어린 시절부터 꾸준한 훈련으로 마운팅을 자제하도록 교육해야 한다.

강아지들에게는 특유의 냄새가 있다. 사실 강아지는 동물이기 때문에 냄새가 나는 것은 당연하다. 날씨가 따뜻해지는 계절에 유독 강하게 냄새가 나는 것은 습한 여름이나 비 오는 장마에는 습기와 함께 냄새가 전해지기 때문이다.

우리는 강아지를 키우면서 냄새에 가장 민감하게 반응한다. 우리가 맡는 냄새는 기분 좋은 냄새가 아닌 인상을 찌푸려지게 만드는 냄새가 많다. 특히 강아지에게 목욕을 거의 시키지 않은 경우나 습한 환경에 놓여서 지저분해진 경우에는 냄새로 힘들어지게 된다.

그렇다면 강아지의 냄새는 어떻게 날까? 강아지의 냄새는 바로 몸에서 나오는 유분성 물질이 분해되면서 냄새가 나게 된다. 이 냄새는 다양한 곳에서 나온다. 강아지의 눈곱, 귀지, 입 냄새, 털, 몸 냄새, 배설물, 방귀, 내장기능 저하, 흙 오염 등이 원인이다. 날씨의 영향으로 강한 냄새가 나는 것은 이러한 곳의 미생물들이 활성화되면서 강아지의 체취에 묻어나기 때문이다.

사실 강아지도 사람과 마찬가지로 땀샘을 가지고 있다. 다만 생물학적인 위치가 다르다. 강아지 땀샘은 크게 2가지로 분류할 수 있다. 첫 번째는 강아지 에크린 땀샘으로 이것은 끈적임이 없는 무취 땀을 의미한다. 강아지의 경우는 발바닥에 분포가 되어 있다. 두 번째는 아포크린 땀샘인데 이것은 많은 지방이 함유된 땀이 나오고 이것이 피지와 만나 산화됨으로써 지독한 냄새를 발생시키게 된다. 사람의 경우와 비교하면 겨드랑이 밑 일부에 분포되는 냄새와 비슷한 것이다. 사실 아포크린 땀샘 자체는 냄새가 없지만 땀과 피지가 산화되면서 발생하는 물질로 인해서 강한 냄새가 나게 되는 것이다.

그 외에 강아지 냄새는 입 냄새와 변 냄새를 들 수 있다. 강아지 입 냄새의 대부분의 원인은 남은 음식 찌꺼기를 관리해 주지 않아 세균이 번식하여 치석이 된 경우가 대부분이다. 이로 인해 구강에 염증이 생기게 되어 냄새가 나는 것이다.

대부분 강아지 구취의 원인은 구강 내의 트러블 때문이다. 그리고 강아지 변 냄새는 급여하게 되는 사료나 간식 등에서 어떤 첨가물과 성분을 가지고 있느냐에 따라 달라질 수 있다. 강아지는 소화 기능이 개체마다 다르기 때문에 이러한 개체들의 특성을 잘 이해하여 적절한 사료와 간식을 급여하는 것이 좋다. 또한 강아지는 신체의 구조상으로 항문낭을 가지고 있으므로 이곳에 모여진 분비물을 주기적으로 짜주는 것이 필요하다. 항문낭에는 항문샘에 모인 분비물이 있다. 이를 짜주지 않게 되면 강아지의 엉덩이 부분에서 지독한 냄새가 나는 경우가 많다.

마지막으로 강아지의 귀가 덮이거나 귀가 긴 견종의 경우는 귀지와 함께 악취가 나서 염증으로 발전하는 경우가 종종 있다. 사실 건강한 강아지는 귀지가 적고 귀털도 많지 않다. 강아지 귀는 나팔관 모양을 하고 있으며 귀 세정제로 주기적인 관리를 해 주어야 한다. 강아지의 경우는 깊숙이 귀지를 파지 않고 외부로 나와 있는 귀지 정도만 잘 관리해 주어도 냄새가 나지 않는 경우가 많다. 정리해 보면 모든 강아지들은 생명체이므로 냄새가 난다. 그렇기 때문에 그 냄새를 완벽하게 제거할 수는 없지만, 평소에 강아지를 관찰하고 잘 관리한다면 쾌적한 반려동물 생활이 될 수 있을 것이다.

1.17 반려견은 땀을 흘릴까?

강아지의 땀은 사람처럼 체온으로 조절되지 않는다. 그렇기 때문에 여름철처럼 더운 날에는 몸을 식히기 어려운 구조를 가지고 있다. 강아지들과 많은 산책을 한 후에 발자국을 보게 되면 젖어 있는 것을 알 수 있다. 만약 강아지들이 과도한 땀으로 인해 힘들어 한다면 서늘한 곳에서 휴식을 취할 수 있도록 도와야 한다. 또한 강아지의 다리 부분을 빠르게 건조시키는 것이 최대한 강아지를 편안하게 하는 것임을 잊지 않았으면 한다. 강아지들이 혀를 내밀고 거칠게 숨을 쉬는 경우는 체온을 조절하는 것이다. 이는 강아지가 땀 대신에 다량의 침을 분비하면서 내부 몸에서 발생하는 열을 외부로 배출되는 것이다. 이러한 행동은 강아지의 체온을 조절하는 역할을 한다.

사실 강아지가 큰 숨을 쉬게 되면 몸 전체에 산소가 혈류를 따라 이동하게 된다. 만약 날씨가 더운 날에 체온을 낮춰야 하는 상황이 생길 경우에는 반드시 강아지들이 시원한 공간에서 쉴 수 있도록 배려해야 한다. 하지만 자연적인 바람이 아닌 인위적으로 만들어내는 에어컨의 경우에는 바람과 잘못 접촉하게 되면 감기에 걸릴 수 있으니 유의해야 한다. 견종에 따라서 열 배출이 힘든 퍼그, 불독, 시츄 등의 경우는 호흡 기관이 대체적으로 짧은 편이기 때문에 더위에 민감할 수 있음을 유의해야 한다. 또한 강아지가 뜨거운 열을 느낀다면 강아지의 체온에 관심을 가져야 한다.

강아지의 체온은 몇 도가 정상일 까? 사실 강아지는 뜨거운 열을 혀로 배출하기 때문에 사람보다 높은 온도를 유지한다. 그래서 보통 정상 체온의 경우가 38°c에서 39°c 사이다. 강아지를 키우면서 가정에 온도 계를 하나 두어 강아지가 기침을 하

거나 몸살이 난 것 같은 경우에는 반드시 온도를 측정해 보아야 한다.

강아지를 키우면서 알아야 할 것은 지능 지수와 기억력이다. 강아지들 중에는 머리가 좋은 강아지도 있고 그렇지 않은 강아지도 있다. 같은 강아지 같지만 강아지의 환경이나 성장 배경에 따라서 지능 지수와 기억력은 많은 차이를 보인다.

강아지의 지능은 어린아이 기준으로 3세에서 5세 정도의 지능을 가진다. 강아지는 보통 2개월에 입양되어 24개월 만에 성견이 되기 때문에 이러한 과정 속에서 적절한 시기에 맞는 교육이나 훈련은 매우 중요하다. 성견이 되기 전에 잘 양육된 강아지는 성견이 된 이후에는 규칙이나 행동을 인지하는 능력이 상당히 뛰어나다.

연구에 따르면 훈련사들은 똑똑한 지능을 가진 견종과 지능이 낮은 견종 2가지로 분류했다. 똑똑한 견종의 경우는 보더콜리, 푸들, 독일 셰퍼드, 골든 리트리버, 도베르만 핀셔 등이 있다. 지능이 낮은 순서는 아프간 하운드, 바센지, 불독, 차우차우, 보르조이 등이 있다.

강아지에게도 두뇌가 존재한다. 그러므로 강아지의 학습능력을 향상시키는 것은 매우 중요한 부분이다. 강아지가 사람들과 함께 살아가는 요즘에는 배변교육, 복종교육 등이 매우 필수적으로 배워야 할 것 중의 하나가 되고 있다. 키워보면 알겠지만 한 번의 기억으로 훈련을 습득하는 강아지는 없다. 대부분의 경우가 꾸준한 반복훈련으로 숙련된 훈련을 구사한다고 볼 수 있다.

강아지 지능을 연구한 심리학자 스텐리 코렌(Stanley Coren) 교수는 199명의 아메리칸켄넬클럽(AKC) 심사위원들에게 각 견종별 복종형 지능 순위를 정리해 달라고 요청했다. 이러한 연구의 결과로 AKC에 등록된 견종들만이 지능 순위 결과표에

포함되었다. 이 연구는 '강아지가 얼마나 똑똑한가'보다는 '강아지가 얼마나 사람의 말을 잘 듣는가'에 대한 측정이다.

사실 이것은 지능의 순위보다는 사람의 말을 잘 듣는 복종의 순위라는 표현이 더 적절하다.

스텐리 코렌 교수는 강아지 지능이 본능적 지능, 적응형 지능, 복종형 지능으로 나뉜다고 했다. 본능적 지능은 각 견종마다 동일하다고 볼 수 있다. 적응형 지능은 강아지들이 특정 환경 내에 거주하고 그 경험을 쌓아가면서 스스로 개발되는 지능을 의미한다. 마지막 복종형 지능은 강아지가 사람의 말을 얼마나 잘 배우는 것에 맞추어져 있다.

사람에게 암기력이 전부가 아니듯이, 강아지에게도 복종형 지능이 지능 순위를 나타내는 기준이 될 수 없다는 점을 스텐리 코렌 교수는 인정했다.

또 다른 연구 중의 하나는 스웨덴 스톡홀름 대학교의 요한 린드 박사의 연구다. 그는 동물 25종에 대한 "기억 지속시간(Span of memory) 실험결과"를 공개했다. 이 연구에서 강아지는 기억력의 실험결과, 평균적으로 2분 정도 유지한다고 밝혔다. 사실 강아지가 주인을 잘 알아보는 것은 이러한 반복적인 학습의 결과라는 것이다.

우리가 알아야 할 것은 동물들은 자기가 살아가는 데 필요한 정보만을 기억하는 습성이 있다는 것이다. 강아지는 일상생활에서 만나는 사사로운 사건을 기억하지 않는다. 평균적으로 2분 정도가 강아지의 기억력 지속시간이다. 견종의 특성에 따라 일률적이라는 말을 하기는 어렵고 강아지 각각에 따라 다르다. 강아지에게 반복학습을 통해 교육을 진행할 때 올바른 교육과 훈련의 메시지를 심어줄 수 있는 것이다. 보호자가 강아지의 기억력 지속시간을 높이려면 강아지의 개성과 능력을 믿고 천천히 작은 것부터 반복훈련을 진행해야 한다.

강아지는 사람들을 아무런 이유 없이 물지 않는다. 강아지가 무는 데에는 이유가 있다. 우리 주변의 사람들에 물어보게 되면 사람들의 경험 속에는 강아지에게 물려본 사람도 있고, 그렇지 않은 사람도 있다. 일반적으로 강아지를 키워본 사람이라면 아마도 한 번쯤은 물리는 경험을 하게 된다. 우리는 늘 강아지의 심리를 정확하게 파악하지 못해서 신경이 예민한 강아지에게 공포심 때문에 물리는 경우가 있다. 이러한 행동은 반사적인 행동으로 상대방으로부터 위험을 느꼈을 때, 불안과 공포에 대한 심리로 하는 행동이라 볼 수 있다. 사실 강아지들은 물기 전에 반드시 신호를 보내며 그 신호가 무시되면 무는 것이다.

강아지들이 무는 이유는 다양하다. 예로 들면 물리적으로 도망갈 곳이 없는 경우, 정신적으로 궁지에 몰렸다고 판단되는 경우, 공포를 느끼게 되어 자기방어를 하는 경우, 사람과의 서열관계에서 우위에 있다고 판단되는 경우가 있다.

보통 강아지들은 어릴 적에 부모견에 의해서 무는 법을 배우게 되고 사회화 과정 속에서 무는 힘에 대한 조절을 배우게 된다. 강아지가 이빨로 무는 행위를 하는 것은 개춘기 시절에 치아가 성장함에 따라 간지러운 현상으로 무는 경우가 대부분이다. 하지만 어릴 적에 터그놀이가 아닌 사람의 손을 물게 하는 것은 잘못된 보호자의 가르침이다. 이는 사람을 물게 되는 이유가 될 수 있다. 보호자가 어떻게 행동하느냐에 따라 강아지의 성향은 달라질 수 있다. 그러므로 보호자는 이러한 사소한 행동에서도 소리를 내어 강아지가 올바르게 행동할 수 있도록 교육시킬 수 있어야 한다. 강아지의 교감과 교육은 다른 것이다. 교감하면서 정확한 원칙과 교육 내용을 가지고 강아지를 가르치는 것은 매우 중요하다.

강아지가 무는 행동을 보이게 된다면 사전에 예방 교육과 훈련을 실시해야 한다. 어릴 적 귀엽다고 함부로 사람을 물어도 두고만 보게 된다면 성견이 되어서는 큰 문제를 일으킬 수 있다. 강아지는 동물이므로 사람과 같은 판단과 이해를 하지 못한다. 그러므로 올바르게 강아지를 양육한다는 것은 어릴 적 형성되는 적절한 시기에 교육과 훈련에 필요한 것을 보호자가 실시하는 것이다.

강아지가 사람을 무는 이유는 크게 7가지 이유가 있다. 강아지의 육체적 질병, 사회화 부족에 따른 두려움, 억압된 사육 환경, 사냥 본능, 특정 상황에 대한 두려움, 학습된 공격, 유전적인 공격성 등이 있다. 강아지의 공격성 자체에 대해 분노하기보다는 보호자가 어떻게 키
우는지에 대해서 더 많은 고민을 해야 한다. 우리 삶에 일어나는 문제들은 대부분 문제에 대한 해결이다. 하지만 가장 중요한 것은 강아지가 물지 않도록 사전에 예방하는 것이다.

이러한 문제행동을 최소화하기 위해서 기본적으로 강아지에게 '앉아', '엎드려', '기다려' 등과 같은 복종 훈련을 반복하여 강아지가 보호자에게 집중할 수 있도록 해 주어야 한다. 강아지가 무는 행위를 하지 않도록 예방하기 위해서는 강아지와 충분한 산책을 시간을 가져야 한다. 또한 강아지와 터그놀이를 통해서 많은 운동량을 확보하는 것도 중요하다. 이러한 놀이를 하는 것이 강아지의 문제행동 예방에 가장 중요한 해결책이다.

터그놀이는 반려견이 장난감을 물고 좌우로 당기는 놀이다. 이 놀이는 실내견의 스트레스를 최소화하고 활력을 불어넣어줄 수 있다. 터그놀이 장난감은 반려견 입이 다치지 않는 유연한 제품이 좋다. 또한 터그놀이는 반려견의 척추나 근육에 무리가 가지 않도록 공간이 확보된 공원이나 넓은 공간에서 실시해야 한다.

강아지는 꼬리를 왜 흔들까? 사실 강아지는 행복한 순간이나 상대방에게 우호적인 감정을 느낄 때 꼬리를 흔든다. 이와 다르게 강아지가 두렵거나 불안을 느끼는 경우에는 상대방에게 경고를 표시한다. 만약 강아지가 이상 반응을 보인다면 잠시 행동을 멈추고 강아지의 자세와 반응을 살펴야 한다. 강아지가 선제공격하는 경우도 있고 방어 공격을 취하는 경우도 있기 때문이다. 강아지의 겉모습만 보고 무턱대고 강아지를 대하면 물리는 상황이 발생할 수 있다.

사실 강아지는 새끼 강아지 시절인 6주에서 7주 사이에 형제들과 생활하면서 꼬리를 흔든다. 새끼 강아지 시절에 서로 경쟁하며 형제견들 사이에서 싸움도 일어난다. 이러한 가족이라는 사회에서 경쟁 상대인 형제견들에 의해서 어미젖을 먹는 것을 경쟁한다. 그 모습을 보다 보면 희로애락의 표현을 하는 강아지들의 감정이 꼬리로 나타난다. 강아지에게는 서열이 존재하므로 서열이 낮은 강아지는 꼬리의 위치를 낮게 하고 서열이 높은 강아지는 꼬리를 높이 세워서 흔드는 특징이 있다.

강아지 꼬리에 대한 연구에 따르면 강아지가 긍정적인 감정을 느낄 경우에는 꼬리 뒷부분이 오른쪽으로 더 많이 흔들린다. 반면 부정적인 감정을 느낄 경우에는 왼쪽으로 더 치우친다고 한다. 강아지의 감정은 꼬리뿐만 아니라 눈, 입, 귀, 표정, 몸의 자세로 표현된다. 강아지의 꼬리 흔드는 모습에 따라 의사표현에 대한 메시지를 확인할 수 있다.

우리는 강아지와 제대로 된 의사소통을 하기 위해서 강아지의 움직임을 잘 살펴야 한다. 강아지와 보호자와의 대화는 말이 아닌 행동과 움직임으로부터 시작된다는 사실을 잊지 않았으면 한다.

강아지를 키우는 보호자들이 의외로 강아지가 핥는 이유에 대해서 잘 모르는 경우가 많다. 사실 강아지가 입으로 핥을 경우는 보호자에 대한 애정 표현으로 봐야 한다. 반려견과 함께 하면서 이러한 행동을 한다면 지극히 정상적인 행동으로 보면 된다. 강아지의 신체의 일부인 다리, 발, 몸을 핥는 경우에는 질병의 표현으로 의심해 봐야 한다. 지속적으로 강아지를 관찰하다 보면 이러한 현상 속에서 강아지의 불편한 부분을 발견할 수 있다.

그리고 강아지는 다른 강아지들을 만나게 되면서 강아지의 귀를 핥는 경우가 있다. 이러한 행동은 철저히 동물의 시각을 바라보아야 한다. 강아지는 동물이다. 동물의 시선에서 바라보면 엄연히 서열이 존재하는 것이다. 서열이 낮은 강아지가 높은 서열의 강아지의 귀를 핥는다. 마지막으로 강아지가 바닥을 핥는 경우는 분리 불안 등의 이상 행동에 대해 표현하는 것이다. 만일 강아지가 이러한 행동을 하게 된다면 반드시 전문가들과의 상담이 필요하므로 보호자들은 행동전문가나 수의사분들과 한번 상담해 보는 것이 중요하다.

　　강아지는 잠을 왜 잘까? 잠을 잘 안 자도 괜찮을 걸까? 강아지를 입양 후 어린 강아지의 잠자는 모습을 지켜보면서 보호자는 많은 걱정을 한다. 잠을 많이 자야 하는데, 안 자는 것 같다든지 아니면 너무 잠을 많이 자는 것 같다든지 다양한 걱정을 한다. 사실 잠은 강아지에게 많은 활력을 불어 넣어줄 수도 있다. 그러나 반대의 경우는 지나치게 잠을 자지 못하게 되면 강아지의 건강에 이상이 생길 수도 있다. 이에 우리는 강아지가 충분한 잠을 자는지와 건강상 이상이 없는지를 잘 관찰하고 관리해야 할 것이다. 강아지가 잠을 너무 길게 자는 경우에도 스트레스나 우울증이 의심될 수도 있으니 다양한 상황을 잘 이해하고 판단해서 강아지를 관리해야 한다.

　　사실 강아지는 렘수면 상태에서는 잠을 많이 잔다. 강아지의 평균 수면 시간은 성견을 기준으로 12시간에서 15시간 정도 된다. 그리고 노령견이 되었을 때에는 평균적으로 20시간 정도 잠을 자는 것으로 알려져 있다. 강아지가 사람처럼 깊은 잠을 자지 못하는 렘수면 상태로 잠이 들기 때문이다. 그래서 사람보다는 많은 잠을 자게 되는 것이다.

그렇다면 왜 성장기의 강아지들이 잠을 많이 잘까? 강아지는 성장하면서 몸의 변화가 일어난다. 태어난 지 얼마 되지 않은 강아지들은 평균적으로 많게는 18시간 이상을 자는 경우도 있다. 강아지가 잠을 자는 동안 뼈와 근육, 살들이 성장하기 때문에 잠을 많이 자야 도움이 된다.

이처럼 강아지가 운동이나 산책을 오래 한 경우에도 강아지는 성장을 위한 잠을 잔다. 사실 강아지는 운동이나 산책을 오래한 경우 기력이 없어져서 깊은 잠을 잔다. 그러나 운동이나 산책을 하고 집에 왔는데도 식욕이 저하된다든지 컨디션이 안 좋은 경우에는 질병을 의심해 보아야 한다. 이와 같은 상황에서는 가까운 동물병원에 방문해서 검진을 받아 보는 것을 추천한다.

만약에 여러분들의 강아지가 계속 잠만 자거나 일어나서 활동을 하지 않는 경우는 반드시 건강상태를 체크해야 한다. 강아지가 몸이 아프거나 질병이 생긴 경우에는 기력이 없고 잠을 많이 잘 수 있다. 또한 강아지는 스트레스와 적은 활동량으로도 많은 잠을 잔다. 강아지는 산책이나 놀이를 통해 충분한 에너지를 소비해야 한다. 집에만 너무 갇혀 있거나 이동이 없는 경우는 강아지에게 우울증이나 스트레스가 생길 수 있다. 이러한 부분을 잘 관리하지 않는 경우에는 강아지가 무기력해지며 계속 잠을 자려고 할 수 있다.

이를 예방하기 위해서는 반려견을 반드시 1일 최소 1번은 산책이나 운동을 시켜야 한다. 보호자는 반드시 강아지의 생활 패턴을 잘 체크해서 활동량에 맞는 운동이나 산책을 시키는 것이 가장 중요하다.

1.23 반려견 훈련은 긍정훈련만 좋을까?

강아지를 키울 때, 생후 약 7주에서 8주 사이에 습관이 형성된다. 강아지를 잘 키우기 위해서는 강아지 사회화 훈련은 매우 중요하다. 이러한 강아지 교육은 강아지의 움직임과 행동 패턴을 이해하는 노력이 필요하다. 최소 6개월 이상은 보호자가 공부하며 유심히 관찰하면서 훈련을 시켜야 한다. 강아지에게 '앉아', '기다려' 등 보호자가 어떻게 교육하느냐에 따라서 성견이 되었을 때의 강아지 삶의 모습은 180° 달라지게 된다. 훈련은 다양한 방법이 있다. 최근에 사람들이 가장 선호하는 훈련 방법은 강압적인 부정훈련이 아닌 긍정적인 방식을 유도하는 긍정훈련이다.

지나온 세월을 돌이켜보면 과거에 강아지 훈련은 부정 강화 훈련 방법으로 복종 위주로 진행했다. 하지만 현재에는 긍정훈련으로 사람이 반려견에게 올바른 행동을 하도록 유도하는 방식을 사용하고 있다.

강아지에게 사료나 간식을 보여주며 코앞에 가까이 두면서 시선이 강아지의 머리 뒤로 움직이게 한다. 이렇게 행동을 유도하여 자연스럽게 앉게 하는 방식으로 사용되고 있다. 강아지에게 이렇게 행동하며 동시에 음성적으로는 "앉아"라고 말한다. 이러한 훈련 방식은 타이밍이 중요하다. 보통 훈련은 하루 3회에서 5회 정도 하는 것이 좋다. 강아지는 3세 정도 수준의 지능을 가지고 있으므로 눈높이를 맞추어 꾸준하게 훈련시키는 것이 좋다.

왜 사람들은 긍정강화 훈련에 관심을 가질까? 반려견훈련사들은 부정적 강화와 긍정적 처벌이 강아지의 자신감을 해치게 되는 것을 발견하였다. 강아지가 잘못 받은 훈련은 결국 보호자와의 관계에 부정적 영향을 끼친다. 미국에 시각장애인을 위한 안내견 단체에서는 15년 동안 해 온 부정적 훈련 기술을 버리고 긍정적인 훈련을 도입되었다. 그 이후 안내견 배출에 드는 시간은 절반으로 단축되었다. 이러한 훈련 방식의 변화는 안내견 스트레스를 감소시켜 안내견은 수명이 1년에서 2년 정도 늘어났다고 한다.

02

반려견 입양

66

　반려견 입양은 신중해야 한다. 사람들은 반려견의 귀여운 모습만 생각하고 물건처럼 사는 행동을 반복하고 있다. 거리를 걸으며 펫숍의 유리창으로 보이는 귀여운 강아지의 모습에 아무런 준비와 지식적인 노력 없이 강아지를 입양하는 사람들이 점점 늘어나고 있다. TV나 매스컴을 통해 전해지는 반려견의 귀여운 모습과 달리 평균적으로 10년에서 15년 정도를 사는 반려견을 키우는 것은 쉬운 일이 아니다.

　어릴 땐 귀여워서 입양했는데 키워보니 감당이 안 되서 버리는 사례들이 점차적으로 늘어나고 있다. 유기견에 대한 문제는 잘못된 반려견 입양으로부터 시작된다는 사실을 잊지 않았으면 한다. 우리는 반려견 입양에 있어서 다양한 각도에서 입양을 위한 많은 준비를 해야 한다. 생명을 존중하고 삶을 함께한다는 것은 결코 쉬운 일이 아님을 심각하게 생각해 보았으면 한다.

99

반려견을 가족으로 맞이하려면 무엇을 준비해야 할까? 강아지를 입양한다는 것은 정말 쉬운 일이 아니다. 신중하게 심사숙고해야 한다. 또한 생명을 가족으로 잘 키우기 위해서 준비가 되어 있는지를 고민해야 한다.

강아지를 올바르게 입양하기 위해서 3가지 관점으로 고민해 봤으면 한다.

첫 번째, 강아지의 성장 크기와 환경을 고민해야 한다.

강아지는 크게 소형견, 중형견, 대형견으로 분류가 된다. 현재 사람들이 살아가는 환경인 아파트나 빌라, 원룸 등에서 많은 강아지들이 살고 있다. 사실 1인 가구가 증가하면서 외로움을 견디기 위한 하나의 방법으로 강아지를 입양하는 사람들이 많다. 사람은 무척 이기적으로 살아간다. 하나의 생명을 홀로 가두고 오랜 시간 방치했다가 여유가 생기면 보는 일을 반복한다. 그들은 사랑한다는 말을 하지만 정작 반려견이 느끼는 것은 사랑일까? 이 질문에 우리는 많은 생각을 해 봐야 한다.

강아지는 살아가는 환경에 따라서 다양한 활동적 제약을 느끼게 된다. 가장 심각한 문제는 강아지 짖음에 대한 문제다. 근래에 들어 다세대, 아파트, 주택 등 사람들이 함께 생활하는 공간에서 반려견을 키우는 경우가 많다. 이로 인해 층간 소음 문제나 반려견 짖음 문제로 이웃과의 분쟁이 많아지고 있다. 최근에는 이웃과 강아지 짖음 문제로 힘들어하는 보호자도 많이 증가하고 있다. 강아지를 입양해서 잘 키우기 위해서는 함께 살아가는 이웃과의 분쟁이나 상황에 대해서 고민해야 한다. 세상은 혼자 사는 것이 아닌 함께 살아가는 사회이기 때문이다.

두 번째, 강아지 상식이나 훈련, 행동학에 대한 이해가 있어야 한다.

강아지는 말로 마음을 표현하지 못한다. 강아지는 몸의 자세나 짖음, 행동에 의한 표현으로 감정을 표현한다. 만약 입양한 강아지에 대해서 보호자가 아무런 지식이 없으면 적절한 시기에 필요한 교육을 하지 못한다. 보통 강아지들의 성장은 생후 2개월에서 6개월 사이에 빠르게 성장하며 이후 24개월인 성견이 되기 전까지 많은 경험을 하게 된다. 성견이 되기 전까지 어떻게 교육을 받고 훈련되었느냐에 따라서 강아지의 삶은 너무나 크게 달라질 수 있다.

세 번째, 강아지 질병이나 유전병에 대한 이해가 있어야 한다.

강아지는 크기와 종류에 따라 질병이나 유전질환이 다를 수 있다. 지금 견종들의 대부분은 다양한 혈통으로 서로 다른 견종이 섞여 있는 경우가 많다. 또한 브리딩 방식에 따라 강아지들의 유전병은 큰 차이를 보인다. 키우고자 하는 견종을 먼저 키워본 사람들의 경험을 듣거나 견종이 가진 질병과 유전병을 사전에 알고 공부하는 것은 무척 중요하다. 왜냐하면 강아지의 질병에 대한 비용은 현재 보험이 되지 않기 때문에 보호자가 진료비를 모두 부담해야 하기 때문이다. 비용적인 문제와 질병에 대한 어려움으로 보호자가 고통을 받거나 힘들어하는 일이 없었으면 한다. 경제적으로 어렵다면 되도록 유전질환이 많은 견종보다는 다소 질병 치레가 적은 견종을 선택하는 것을 추천해 본다. 강아지를 입양하고 예방접종, 보험 등 경제적인 비용에 대해 많은 고민을 해야 한다.

네 번째, 가정에 있는 구성원들이 모두 강아지를 키우는 것에 대해 동의해야 한다.

가족과 함께 지내는 집에서 나만 좋으면 괜찮다는 생각으로 입양하면 강아지의 삶이 불행해질 수 있다. 강아지 입양 전에 이렇게 필요한 지식에 대한 고민과 준비를 한다면 실패가 없는 반려견과 함께 하는 삶을 살 수 있다.

첫 번째, 강아지의 귀를 살펴보아야 한다.

건강한 강아지의 귀는 안쪽이 분홍빛을
띠고 있다. 또한 강아지 귀에서는 분비물이
나 불쾌한 냄새가 나지 않아야 한다. 강아
지를 잘 관찰해보면 귀가 불편한 경우에는
머리를 자주 흔들거나 귀를 비비는 경우가
있다. 이러한 경우에는 귀에 질병이 있거나
간지러움의 원인이 있는 반응이다.

두 번째, 강아지의 입을 살펴보아야 한다.

잇몸과 혀가 분홍빛을 띠고 있어야 건강한 강아지다. 강아지 입에서 불쾌한
냄새가 나는지 살펴야 하며 구취에 대한 관리가 되는지도 확인해야 한다. 또한
잇몸의 상태나 치아의 상태도 확인해야 한다. 치아 배열이 고르지 않거나 치아가
흔들리는 경우도 이상이 있는 경우이다.

세 번째, 강아지의 눈을 살펴보아야 한다.

강아지 눈에는 염증이나 충혈이 된 부분이 없어야 한다. 또한 강아지의 눈을
잘 관찰하여 정상적으로 반응하는지도 확인해야 한다. 강아지의 눈에 눈곱이 끼거나
눈의 깜빡임이 심하다면 이상이 있는 경우이다.

네 번째, 강아지의 피부를 잘 살펴보아야 한다.

강아지의 피부가 깨끗하고 기름기가 적절해야 건강한 강아지다. 털에서는 윤기
가 나며 손으로 피부를 쓰다듬었을 때 피부의 색상이나 피부 상태를 유심히 관찰해야
한다. 간혹 피부의 관리가 제대로 이루어지지 않아, 이나 기생충이 있는 경우가
있다.

다섯 번째, 강아지의 항문을 잘 살펴보아야 한다.

강아지의 컨디션에 따라 가장 먼저 반응하는 것이 바로 배변이다. 건강한 강아지는 정상 변을 보게 되지만 아픈 강아지는 설사를 하는 경우가 많다. 강아지의 항문이 지저분하거나 분비물이 나온다면 건강상태를 체크해야 한다. 또한 항문낭이 잘 관리되지 않으면 항문낭 주변으로 쾌쾌한 냄새가 난다. 이때는 항문낭을 짜주어서 이러한 냄새가 나지 않도록 관리해야 한다.

전체적으로 정리하면 강아지의 건강상태를 확인할 때, 귀나 가슴, 배, 옆구리에서 상처나 딱지가 없어야 한다. 또한 눈에 눈곱이 끼거나 입 주변이 청결하지 못하다면 건강상태가 안 좋은 경우가 많다. 강아지는 치아는 견종에 따라 다양한 형태를 띠지만 치열은 고르고 분홍빛을 띠는 경우가 가장 좋다. 강아지의 피부는 분홍빛을 띠며 비듬이나 딱지가 없어야 한다. 강아지 배의 경우에는 탈장이라고 해서 배꼽 부위와 허벅지 안쪽 사이에 안쪽으로 탈장된 증상이 있는 경우가 있다. 이러한 강아지는 경우에 따라 수술을 해야 하는 경우가 있다.

2.3 반려견을 키우는 나, 가족, 환경을 고려했을까?

최근 반려동물 1,500만 시대를 맞이하여 반려견에 대한 숫자가 점점 증가하는 추세에 있다. 그런 만큼 반려견 견종에 대한 관심도 날로 증가하고 있으며 이로 인해 환경, 이웃, 가족들이 함께 고려해야 할 문제들이 늘어나고 있다. 강아지를 입양할 때, 자신이 처한 환경, 이웃, 가족에 대한 부분을 잘 고민해야 한다. 우리가 반려견과 함께 살아가는 기간이 평균 10~15년 정도가 된다. 그렇기 때문에 한번 가족으로 입양을 하기 이전에 충분히 가족 구성원과 강아지를 키우기 위한 정보나 지식에 대한 준비를 해야 한다. 또한 반려견에 대한 성별, 크기, 품종, 성격, 운동성 등을 함께 고민해야 후회하지 않는다.

자신의 알레르기 반응을 체크하지
않아서 건강상의 이유로 파양하는 사례
도 늘어나고 있다. 만약 강아지를 키우
고 싶다면 호흡기인 기관지 계통이 문제
가 없는지 반드시 확인해야 한다. 입양
자 뿐만 아니라 가족 중에 심각한 알레
르기 반응을 일으켜 강아지를 키우지 못
하는 상황도 종종 발생한다. 반려견을 가족으로 맞이하고 싶다면 무엇보다 가족과의
대화를 통해서 체계적인 준비와 환경을 만들고 입양해야 한다.

2.4 반려견의 크기, 성별, 털, 운동성을 고려했을까?

강아지는 크기에 따라 소형견, 중형견, 대형견으로 분류할 수 있다. 요즘은 1인
가구 증가와 도심에서 강아지를 키우는 사람들이 증가함에 따라 주변에서 소형견들
을 많이 키우는 것을 볼 수 있다. 강아지의 크기에 따라 환경은 차이가 난다. 중형견
이나 대형견의 경우에는 충분한 산책과 활동하는 환경이 넓어야 강아지가 스트레스
를 받지 않는다. 우리나라에서 많이 키우는 소형견은 대표적으로 푸들, 시츄, 말티즈,
요크셔테리어, 치와와, 포메라니안 등이 있다. 중형견은 코카스파니엘, 웰시코기,
비글 등이 있다. 대형견은 리트리버, 진돗개, 말라뮤트, 허스키 등이 있다. 이렇게
크기에 따라 강아지를 키울 때 크기에 맞는 주변 환경을 조성하는 것이 중요하다.

강아지의 성별은 수컷과 암컷으로 구분할 수 있다. 수컷은 마킹이라고 해서
성견이 되어가면서 주변에 영역 표시를 하는 경우가 많다. 이로 인해서 수컷을 키우면
서 적절한 훈련과 교육을 시키지 못하게 되면 배변훈련이 되지 않아 함께 생활하기
힘든 상황이 초래될 수 있다. 암컷은 소변을 앉아서 보기 때문에 마킹의 문제는
없으나, 성견으로 몸이 변해가면서 생리를 하므로 관리에 신경을 많이 써야 한다.

강아지의 털은 보통 장모종보다 단모종이 털이 더 많이 빠진다. 털 빠짐 문제로 고민하는 사람들이 많이 키우는 견종은 푸들이나 비숑프리제 같은 견종이다. 이 견종은 털이 잘 빠지지 않는 곱실거리는 털을 가졌다. 단모종의 경우는 아침에 해가 뜨고 거실이나 방으로 빛이 들어올 때 카펫의 바닥을 비추어보게 되면 정말 많은 잔털이 있는 것을 확인할 수 있다.

강아지 운동성은 견종마다 차이가 있으나 보통 하루에 30분에서 2시간 이내의 산책을 권유하고 있다. 하지만 견종의 크기나 컨디션에 따라서 운동성 은 달라질 수 있으므로 자신이 키우는 강아지의 견종과 활동량을 잘 고려하 여 운동성을 체크해야 한다.

2.5 반려견으로 입양할 견종의 특징을 알고 있는가?

대부분의 사람들은 강아지를 입양할 때 견 종의 특징을 잘 모르고 입양하는 경우가 많다. 최근에는 코로나 19로 집에 있는 시간이 많아 지면서 반려견을 키우는 사람들이 꾸준히 증 가하고 있다. 한국농촌경제연구원에 따르면 반려동물의 양육 가구에 대한 인구는 1,500 만 명에 달한다고 한다. 이는 4가구 중의 1가구 이상은 반려동물을 키우고 있다는 것을 의미하는 수치다.

이러한 현실 속에서 한국애견연맹이 조사한 결과에 따르면 인기 있는 반려견 품종은 30종 정도가 된다고 알려졌다. 그 중에 인기가 많은 견종 Top3에 대한 특징을 살펴보기로 한다.

첫 번째, 요즘 최고의 인싸견으로 1위를 차지한 강아지는 바로 비숑프리제 강아지다.

비숑프리제는 프랑스가 원산지인 강아지다. 사실 비숑프리제는 꼬불꼬불한 털을 가진 강아지로 많이 알려져 있다. 비숑이라고 많이 불리는 이 견종은 르네상스 시대에 이탈리아에서 기르다가 프랑스로 전달되면서 프랑스가 원산지로 정착되었다. 사람들은 비숑을 보고 아주 작은 바빗(오색조)과 비슷한 모습을 보고 바비숑으로 부르다가 오늘날에는 비숑으로 줄여서 부르게 되었다. 아주 먼 옛날 17세기와 18세기에는 유명한 화가에 의해서 비숑과 귀족, 왕 등이 함께 출연한 그림이 많이 그려졌다.

나폴레옹 3세 시대에는 비숑프리제라는 이름이 아닌 테네리피(Tenerife)로 알려졌다. 테네리피는 스페인령 카나리아 제도에 위치한 테네리피 섬에서 비숑프리제가 들어왔다는 것에 의해서 붙여진 이름이다. 나폴레옹 시대의 귀족이나 왕족들에게 비숑프리제가 전달되면서 많은 사랑을 받은 것으로 알려졌다. 비숑프리제는 1차 세계대전에서 전화 소멸의 위기가 있었지만 프랑스에서 비숑프리제를 사랑하는 브리더에 의해서 개체 수가 다시 회복되었다. 이후, 1933년에 이르게 되면서 프랑스 켄넬 클럽이라는 단체가 만들어지며 체계적으로 관리가 되기 시작했다. 비숑프리제를 위한 협회나 단체의 활동에 의해 미국에도 비숑프리제를 키우는 인구가 늘어나 파우더 버프라는 독특한 컷으로 미용 붐이 일어나면서 더 많은 사람들에게 알려졌다. 비숑프리제는 체고가 25cm에서 29cm 정도 된다. 체중은 몸의 크기에 따라 다르기는 하지만 평균적으로 약 5kg 정도 되는 것으로 알려져 있다.

비숑프리제는 머리가 몸과 조화를 이루며 흰색의 머리와 눈, 코가 또렷하게 보이는 이등변 삼각형 모양을 좋은 강아지로 평가하고 있다. 평균적으로 입모양은 머리 길이의 약 2/5 정도가 적당하며 콧등은 곧고 아래로 내려가지 않아야 한다. 또한 위로 들려 있지도 않아야 좋은 강아지로 평가받는다. 비숑프리제의 모색은 흰색이다. 평균적으로 흰색으로 많이 알려져 있으나 가끔은 강아지에 따라 연한 베이지색을 띠는 비숑프리제 강아지도 만나게 된다. 비숑프리제는 겉모습만을 봤을 때는 털이 풍성하여 털이 많이 빠질 것 같지만 털이 많이 빠지지 않는다.

두 번째, 곰돌이 같은 모습을 자아내어 2위를 차지한 강아지는 바로 포메라니안이다.

포메라니안과 비슷한 견종으로는 사모예드와 스피츠가 있다. 사실 포메라니안 견종은 사모예드와 스피츠를 소형화시키는 노력으로 혈통 관리된 견종이다. 아주 먼 옛날 이탈리아인들이 포메라니안을 많이 키웠다. 미켈란젤로도 포메라니안을 키웠고 그 시대의 왕족들도 포메라니안을 많이 키웠다. 사실 그 당시에는 지금보다 훨씬 더 큰 견종이었다고 한다. 현재의 포메라니안은 1900년대에 미국에서 혈통 관리되어 소형화 된 크기로, 2.7kg 정도이다. 포메라니안은 점점 소형화되었으며 체고와 체장 등 전반적으로 골격과 모량이 상당히 축소되었다.

포메라니안은 원산지가 독일이다. 포메라니안은 토이 그룹에 속하며 체고는 20cm 정도 되며 체중은 1.3kg에서 3.2kg 정도 된다. 모색은 갈색, 검정, 흑갈색, 흰색을 가지고 있다. 포메라니안은 자기주장이 무척 강하고 고집이 있는 강아지다. 키우다 보면 간식이나 음식 앞에서 마음대로 되지 않을 경우 신경질적인 모습을 보이기도 한다. 곰돌이처럼 귀여운 모습 뒤에 숨겨진 다른 면이 있는 강아지다.

포메라니안은 실제 키워보면 겁이 무척 많고 굉장히 방어적인 성향을 가지고 있다. 사람에 대한 경계도 심한 편이기 때문에 공격적인 성향도 보이기도 한다. 마치 사람들에게 "나는 비록 작지만 엄청 사나워"하고 말하는 것 같다.

포메라니안의 IQ는 23위다. 포메라니안은 소형견 치고는 지능이 높은 편이다. 이러한 점은 포메라니안을 키워본 사람들이라면 깊이 공감할 것이다. 포메라니안은 지능이 높은 반면 겁이 많은 편이기 때문에 훈련이나 교육 시에 발음하는 억양이나 톤을 조금 세게 표현하는 것이 좋다. 포메라니안에게 엄한 분위기는 훈련을 시키는 것에 좋은 장점이 될 수 있다.

사실 포메라니안은 혈통적으로 활동성이 높은 스피츠의 혈통을 가지고 있다. 포메라니안이 작은 몸집을 가지고 있지만 에너지도 많고 활동하는 반경도 넓은 편이다. 소형견이지만 산책을 무척 좋아하는 견종 중의 하나다. 포메라니안을 키운다면 1일 1번 이상은 밖에서 산책하는 것이 좋다.

세 번째, 귀엽고 깜찍한 모습을 보여주는 3위를 차지한 강아지는 바로 프렌치 불독이다.

프렌치 불독은 1860년대에 영국에서 유행하던 불독이 몇몇 프랑스 이주민들에게 전해지면서 퍼그와 테리어 사이에서 교배하여 생겨난 것으로 알려져 있다. 당시에는 특히 상류층 귀부인들 사이에서 인기가 무척 많은 견종이었다. 이 견종은 장미 귀를 가  진 개와 박쥐 귀를 가진 것으로 나누어졌다. 유럽에서는 프렌치 불독의 장미 귀를 선호하고 미국에서는 박쥐 귀를 가진 프렌치 불독을 더 선호하였다.

이 견종은 평균 높이 25cm에서 32cm 정도 된다. 몸무게는 9kg에서 13kg 사이다. 프렌치 불독은 매우 차분하며 성격이 매우 침착한 견종으로 알려져 있다.

이 프렌치 불독은 사람들에게 관심받기를 매우 좋아하는 견종이다. 즉, 반려견의 의사 표현이 높은 편이 속하는 견종이다. 프렌치 불독은 실내에서 기르기에는 적당한 크기로 명랑하고 움직임이 빠른 편이다. 또한 프렌치 불독은 단단한 체력을 가졌고 활력이 넘치는 편에 속한다. 전반적으로 장난을 좋아하지만 짖는 일이 거의 없는 특징을 가진다. 이로 인해 많은 가정에서 프렌치 불독을 키우는 것을 선호하고 있다.

프렌치 불독은 대체적으로 수명이 짧은 편이다. 프렌치 불독은 구개열, 신경 질환, 눈병, 요로결석, 피부병 등이 잘 걸린다고 알려져 있다. 프렌치 불독은 얼굴에 주름이 많다. 특유의 얼굴 주름이 있고 침을 많이 흘리는 편이기 때문에 주름과 주름 사이나 입 주변에 세균 감염이 일어나기 쉬운 견종이다. 잘 닦아 주지 않으면 피부가 짓물러서 피부병에 잘 걸린다고 알려져 있다. 목욕을 시키거나 산책 등의 활동을 했을 때에는 반드시 얼굴이나 주름 주변을 반드시 물로 세척한 후 닦고 잘 말려야 한다. 피부병이나 각막염 등의 각종 질환이 발병하지 않도록 체계적인 관리를 진행해야 한다. 사소한 관리가 반려견의 건강을 좌우할 수 있다.

또한 프렌치 불독은 먹성이 좋기 때문에 급여하는 사료나 간식의 양을 잘 조절해야 하며, 산책을 자주 시켜 줌으로써 비만을 사전에 예방할 수 있어야 한다. 마지막으로 프렌치 불독은 눌린 코로 인해서 호흡기가 정말 약하므로 감기에 잘 걸릴 수 있다. 특히 환절기에는 반드시 바이러스에 감염이 되지 않도록 각별한 관리에 신경을 써야 한다.

프렌치 불독의 털은 단모종으로 잔털의 빠짐이 매우 심하다. 이로 인해, 실내에서 키울 경우에는 반드시 어느 정도 털 빠짐이 심하다는 것을 인지하고 지속적인 관리와 청소를 해야 한다. 특히 고무빗을 활용하여 죽은 털을 자주 제거해야 한다. 또한 코와 얼굴 부근의 주름 사이를 젖은 수건이나 유아용 물티슈를 활용하여 닦아야 한다. 이후, 마른 수건으로 마무리해 주면 정말 좋다. 만약 프렌치 불독을 키우게 된다면 단모종이라서 털이 안 빠지는 것이 아니라, 잔털이 더 많이 빠진다는 사실을 반드시 인지하고 있어야 한다.

최근 강아지를 많이 기르게 되면서 사람들이 반려견 아이큐(IQ)를 매우 궁금해한다. 강아지는 견종의 특성에 따라 IQ가 다르다. 그렇다면 반려견 IQ 순위는 어떻게 될까?

Top1 보더콜리(Border Collie)

보더콜리는 영국의 브리튼 섬의 품종인 콜리의 일종이다. 보더콜리는 잉글랜드와 스코틀랜드의 국경 지방에서 양치기 개로 사용됐다. 이와 같은 특성 때문에 사람들에게 보더콜리로 불리고 있다.

Top2 푸들(Poodle)

푸들은 프랑스의 국견이고 원산지는 독일이다. 프랑스 귀족 여성들에게 인기를 얻으면서 많이 번식되어 현재의 푸들이 되었다.

Top3 셰퍼드(German Shepherd Dog)

셰퍼드는 독일이 원산지다. 사실 셰퍼드는 처음 만들어졌을 때는 단모종 말고도 장모종, 강모종이 있었다. 특히 올드 저먼 셰퍼드는 장모종으로 많이 알려져 있다. 하지만 국제적인 표준으로 브리딩되면서 현재는 견종표준으로 단모종 말고는 인정하지 않고 있다.

Top4 골든 리트리버
(Golden Retriever)

골든 리트리버는 영국의 스코틀랜드가 원산지다. 이 견종은 래브라도 리트리버의 원형으로 체고나 체장, 스타일이 많이 닮아 있다. 이 견종은 이름처럼 윤기가 흐르는 금빛이나 크림빛의 풍성한 털을 가진 견종이다.

Top5 도베르만(Doberman Pinsche)

도베르만은 19세기 후반 독일에서 개량되어 세금 징수원이 호신을 위해 견종을 브리딩하여 탄생했다. 사실 도베르만의 뜻은 사람의 이름인 카를 프리드리히 루이스 도베르만으로, 현재의 견종명은 개량자의 이름을 따르고 있다.

Top6 셔틀랜드 쉽독
(Shetland Sheepdog)

셔틀랜드 쉽독은 스코틀랜드 셔틀랜드 섬에서 양치는 용도로 사용된 견종이다. 현재는 사람들 사이에서 외견상 콜리와 비슷하여 콜리로 많이 착각하고 있다. 하지만 이 견종은 셔틀랜드 지방에 유입된 견종들을 브리딩하여 탄생한 견종이다.

Top7 래브라도 리트리버
(Labrador Retriever)

래브라도 리트리버는 구명개로 유명한 뉴펀들랜드의 개량형 견종이다. 작은 체형으로 계량시켜 낚싯배나 물새 사냥 시에 더 날렵하게 활동할 수 있도록 브리딩하여 현재의 래브라도 리트리버가 되었다. 주로 오리사냥에 많이 쓰였다고 한다.

Top8 빠삐용(Papillon)

빠삐용은 사실 컨티넨탈 토이 스패니얼의 변종으로 스피츠 종과 개량되어 탄생한 견종이다. 이 견종의 오똑하게 귀가 서 있는 모습을 바라보게 되면 나비나 영화 빠삐용(Papillon)의 죄수를 닮은 느낌이 있어 현재의 빠삐용으로 불리고 있다.

Top9 롯트와일러(Rottweil)

롯트와일러는 로마 제국 시절 로마군 병사들이 기르던 마스티프 종이 조상으로 알려져 있다. 18세기에 유럽 가축 산업의 중심지가 되면서 가축 몰이와 가축 보호 목적으로 키운 경비견이자 목영견이었던 견종이 지금의 롯트와일러가 되었다.

Top10 오스트레일리안 캐틀독
(Austrailan cattle Dog)

오스트레일리안 캐틀독은 1800년대 초반에 정착민들이 넓은 목초지를 이용하기 위하여 소몰이견에 대한 요구가 생겼다. 이에 정착민들은 양과 소를 보다 효율적으로 관리하기 위하여 그 일을 해줄 수 있는 견종을 만들기 시작했고, 지금의 오스트레일리안 캐틀독이 되었다. 이 견종은 조용한 편이며 가축들을 활발하게 움직이게 도움을 주는 정말 좋은 능력을 가지고 있다. 그래서 여러 나라에서 목양견으로 많이 활약하고 있는 견종 중의 하나이다.

반려견의 IQ도 중요하다. 현재 필자가 기르는 강아지는 닥스훈트로 IQ가 48위다. 그렇지만 IQ가 높지 않다고 생각해 본 적이 단 한 번도 없을 정도로 영리하다. 사실 아무리 똑똑한 IQ를 가진 강아지라도 보호자가 뇌에 자극을 주지 않고 필요한 시기에 적절한 훈련과 교육을 하지 않는다면 강아지의 뇌는 퇴화되고 만다. 그러므로 보호자는 강아지의 적절한 시기에 교육할 내용을 숙지하여 필요한 시기에 필요한 훈련을 직접 스스로 반려견에게 가르쳐야 할 의무가 있다. 정말 중요한 것은 보호자가 얼마나 알고 있느냐에 따라서 강아지에게 좋은 기억과 습관을 만들어 줄 수 있다.

강아지를 입양하고자 한다면 강아지의 신체조건에 맞춘 용품을 준비해야 한다. 강아지를 입양하기 전에 준비해 두면 입양 후에 발생하는 일에 대한 불편함을 최소화 할 수 있다. 강아지가 낯선 환경에서 잘 적응할 수 있도록 생활용품(의/식/주)을 준비해야 한다. 그렇다면 필요한 준비물은 어떤 것이 있을까?

강아지에게 필요한 준비물을 의식주 관점으로 살펴보자.

의 : 가슴줄이나 목줄
식 : 사료나 식기(밥그릇과 물그릇)
주 : 개집이나 켄넬

위생용품은 배변패드와 샴푸, 귀 세정제가 필요하며 그 외에 강아지를 잃어버리지 않도록 목걸이(인식표)가 필요하다.

첫 번째, 강아지를 산책시키고 함께 하기 위해서는 가슴줄이나 목줄이 필요하다.

강아지들이 새로운 공간에 적응하며 함께 살아가면서 꼭 해야 하는 것이 바로 산책이다. 강아지의 산책은 사회성을 키우기 위한 과정이다. 강아지 때부터 가슴줄이나 목줄에 적응하여 산책을 잘할 수 있도록 보호자는 신경을 써야 한다.

두 번째, 강아지 사료나 식기가 필요하다.

강아지 입양 시 가장 먼저 해야 할 것은 강아지가 예전에 먹던 사료를 받아 와야 하는 것이며 추가로 태어날 당시에 처음 급여했던 사료를 구매해 두어야 한다. 왜냐하면 강아지의 입맛은 처음 먹은 사료를 정확히 기억한다. 새끼 강아지를 입양한 경우 사료가 갑자기 바뀌게 되면 사료를 먹지 않는 경우가 발생하게 된다. 강아지들의 체력에 따라 저혈당 쇼크가 오는 경우도 있다. 강아지는 어리기 때문에 일정한 시간에 식사를 해야 저혈당 쇼크가 오지 않는다. 강아지는 무척 예민할 수 있기 때문에 보호자가 각별히 주의해야 한다. 저혈당 쇼크가 오기 전에 설탕물이나 포카리스웨트 등으로 수분이 탈수되지 않도록 컨디션을 잘 관리해 주어야 한다.

세 번째, 개집이나 켄넬(이동장)이 필요하다.

강아지는 키울 때 반드시 분리된 공간을 마련해 주어야 한다. 특히 강아지 집과 울타리를 사용하여 적응하는 기간 동안은 울타리에서 체계적인 기본 교육을 시켜야 한다. 그래야 강아지가 최대한 실수도 하지 않고 올바르게 환경에 적응할 수 있다. 초보자는 입양한 강아지가 잘 적응할 수 있도록 각별히 공간 구분에 신경 써야 한다. 강아지들의 집은 쿠션이나 호박집 등 요즘 트렌드에 맞는 좋은 제품들이 너무 많다. 강아지들은 포근하고 푹신한 마약방석 같은 것에 호기심을 느끼고 좋아한다. 이런 종류의 집을 제공하면 안정감을 느껴서 빨리 적응할 수 있다. 또한 강아지들과 이동할 때는 이동장이 필요하다. 초기에 병원 이동 시에 다른 강아지들의 접촉으로 질병이 발생하지 않도록 이동장을 구매하여 이동하는 것이 좋다.

네 번째, 배변패드와 샴프, 귀 세정제, 치약과 칫솔이 필요하다.

배변패드는 처음 강아지들이 자신의 영역을 구분하여 배변 훈련해야 하므로 필요하다. 목욕은 강아지들이 적응한 시점인 약 2주 후쯤 컨디션이 좋을 때 샴푸를 사용하여 목욕시키는 것이 좋다. 반려견이 목욕에 익숙해질 수 있도록 천천히 물을 적셔가며 익숙해질 때까지 신경 써서 다루어야 한다. 대부분의 보호자들이 치약과 칫솔을 구매하지 않는 경우가 많은데, 장기적인 관점에서 스케일링을 하지 않기 위해서는 지속적으로 강아지 치아를 잘 관리해 주어야 한다. 관리가 잘 된 경우에는 강아지들이 노견이 되어서도 튼튼한 치아로 인해서 질병으로의 고통을 최소화할 수 있다. 미리미리 강아지 치아에 관심을 가진다면 강아지들이 건강한 치아로 오래오래 살 수 있을 것이다. 그 외에도 귀 세정제 등을 사용하여 강아지를 체계적으로 관리해 주어야 한다.

다섯 번째, 반려견 등록을 위한 목걸이가 필요하다.

동물보호법이 개정되면서 반려동물등록이 법률적으로 진행되어 등록증 등록이 실시되고 있다. 반려견을 키우는 보호자는 강아지를 평생 올바르게 교육하고 책임지기 위해서라도 반드시 인식표를 준비해서 착용시켜야 한다. 보통 인식표만 있어도 실종견을 빨리 찾을 수 있는데, 사소한 것을 신경 쓰지 않은 보호자들로 인해서 강아지 실종 사고 이후에 찾지 못하는 경우가 너무 많다. 그래서 늘 안타까운 마음이 든다. 인식표는 외장형과 내장형이 있는데, 반려견을 잃어버렸을 때 외장형보다는 내장형이 빠르게 찾을 수 있다. 외장형의 경우는 목걸이를 분실하게 되면 반려견을 찾을 수 없다. 잃어버린 반려견을 찾기 위해서 목걸이에 보호자에 대한 인식정보를 심어두는 것도 좋다.

2.8 반려견 입양 시기는 언제가 좋을까?

반려견 입양 시기는 어느 시점이 좋을까? 사실 강아지를 한번 입양하게 되면 평생을 책임져야 한다. 강아지를 입양 전에는 반드시 충분한 정보와 지식을 습득하여 발생되는 문제점에 잘 대응할 수 있도록 준비해야 한다. 많은 연구에 따르면 강아지 입양은 생후 80일이 지난 뒤에 데려오는 것이 좋다고 알려져 있다. 강아지는 평균적으로 생후 40일에서 50일까지 모견의 모유를 먹게 된다. 모견의 모유를 오랫동안 먹은 강아지들은 항체 형성에 좋은 장점이 있다. 또한 생후 6주 시기부터는 형제들과 깨물며 뛰어노는 장난을 치게 된다. 즉, 형제 강아지들과 함께 생활하면서 사회성을 배우게 되는 것이다.

보통 경매장이나 펫숍에서 분양되는 강아지들은 이러한 사회성이 형성되기 이전의 시기인 생후 40일에서 60일 된 강아지들이 많았다. 실질적으로 강아지에 대한 생년월일을 정확하게 확인할 수 있는 시스템이 현재로써는 없기 때문에 농장이나 켄넬 등에서 속이면 알 수 있는 방법은 없다. 그렇기 때문에 펫숍을 통해서 강아지를 입양한 경우에는 사회화에 대한 관심을 가지고 보호자가 부모견의 역할을 대신해야 한다.

이렇게 너무 이른 시기에 강아지가 환경의 변화를 겪게 된 경우에는 심각한 스트레스를 경험할 수 있다. 만약 어린 강아지를 입양하게 된다면 보호자는 강아지의 행동과 표현에 대해 일관성 있는 훈련을 위해서 준비해야 한다.

펫숍의 경우 파보나 홍역 바이러스로 강아지를 입양 후 15일 이내에 잠복기 질병이 발병하여 폐사하는 경우가 있다. 이것은 부모견들이 농장이나 열악한 환경에서 항체가 없거나 0에서 1사이의 항체로 형성된 경우로, 제대로 건강관리가 되어 있지 않다는 것을 의미한다. 강아지의 항체는 6단계까지 있는데, 이러한 부모견의 항체는 0이거나 1에 가까울 확률이 높다. 즉, 항체가 잘 형성되어 강아지에게 전해지면 어린 강아지가 변화하는 환경에도 잘 적응하게 된다. 하지만 항체가 없는 강아지들은 잘 적응하지 못하고 잠복하고 있는 질병에 노출되어 홍역이나 파보에 걸리는 것이다. 연구에 따르면 환경 변화를 겪는 강아지들의 컨디션에 따라 스트레스 증상을 보이며 질병에 노출된다는 내용도 있다.

그래서 많은 사람들이 생후 3개월 이상 된 강아지를 입양하며 예방접종 2차까지 완료된 강아지를 입양해야 한다는 목소리를 내고 있다. 강아지를 입양해서 가르치는 것도 중요하지만 강아지가 태어나서 모견에게 배우는 3개월은 강아지 삶에 있어서 정말 필요한 행동과 감정을 배우는 시기다. 사람들이 가정견을 선호하게 되는 이유는 강아지의 정서가 안정적이며 항체에 대한 관리가 잘 되어 있기 때문이다. 가정에서 키워진 강아지들은 동물병원을 다니며 질병에 대한 관리가 대부분 잘 되어 있다. 만약 강아지를 입양하고자 한다면 가정에서 출산한 강아지를 3개월 정도 되었을 때 데려오는 것이 가장 좋은 케이스가 될 것이다.

현행 동물보호법은 판매할 수 있는 동물의 월령을 법률로써 정해 놓았다. 지난 2008년 12월 31일까지는 1.5개월인 6주 이상의 강아지만 판매할 수 있었다. 2009년 1월 1일부터는 출생 2개월 이상의 강아지만 판매할 수 있다고 규정하고 있다. 현행법상으로 가정 분양의 2개월 미만 분양은 현재 불법이다. 강아지를 분양하는 곳은 정부가 정한 법률과 시설 기준이 맞는 펫숍이 정상적으로 분양하는 곳임을 잊지 않아야 한다. 또한 현재는 사람들이 무분별하게 강아지를 입양하고 버리는 사회적인 문제가 많다. 유기견 문제가 날로 심각해지고 있는 만큼 강아지에 대한 지식과 기본 소양을 습득하여 유기견을 입양하는 것을 추천한다. 단, 유기견을 입양한다면 행동학과 훈련에 대한 많은 사전 준비가 필요하다는 사실을 잊지 않았으면 한다.

정리해 보면 강아지 입양에 있어서 가장 중요한 것은 강아지가 태어나서 모견과 함께 하는 기쁨과 즐거움을 배울 수 있어야 한다. 강아지가 입양 가기 전까지 자신이 느끼는 감정과 올바른 표현을 할 수 있는 정서가 만들어져야 한다. 부모견을 잘 알고 어떠한 환경에서 자라났는지가 정말 중요한 것이다. 이 글을 읽는 사람들이 강아지 입양에 있어서 적합한 시기를 찾기 위한 노력을 멈추지 않았으면 한다. 강아지는 가족이며 삶의 동반자다. 그들과 함께 하는 길이 행복한 길이었으면 한다.

2.9 반려견 입양 시 주의해야 할 사항은?

강아지를 처음으로 입양한다면 모견과 헤어지고 낯선 환경에 잘 적응할 수 있도록 환경을 만들어야 한다. 강아지가 스트레스를 받지 않고 편안하게 잘 적응할 수 있는 방법을 있을까? 강아지 입양 시에는 다양한 관점에서 살펴보아야 한다.

 강아지 입양 시에는 반드시 동물병원에서 건강검진을 실시해야 한다. 강아지를 분양 받는 당일에 근처의 동물병원을 방문하여 기본 건강검진을 실시해야 한다. 강아지 입양을 결정하기 전에 건강검진과 키트 검사는 질병의 유무를 사전에 파악할 수 있는 장점이 있다.

 또한 강아지 입양 시에는 2시간에서 3시간 정도를 관찰하며 강아지가 사료 먹는 모습이나 구토, 설사 등의 현상이 있는지를 사전에 확인해야 한다. 강아지가 사료를 먹지 않고 식욕이 없는 경우는 질병으로 인한 경우가 많다. 강아지가 무언가 불편해 보인다면 건강검진을 하고 입양을 서두르지 않는 것이 좋다.

 건강한 강아지는 눈과 귀에서 염증과 악취가 나지 않는다. 또한 코가 촉촉하며 콧물이 나지 않는다. 강아지의 치아는 정상교합이어야 하지만 견종에 따라 부정교합인 경우도 있다. 견종의 특성을 잘 파악해야 한다. 부정교합의 경우는 치열이 고르지 않아 치주염이 잘 걸린다. 특히 잘 보아야 할 것은 탈장이라고 해서 배나 사타구니 부분이 볼록하게 튀어나온 강아지들이 있다. 이러한 강아지의 경우는 성견이 되었을 때 수술을 해야 하는 경우가 발생할 수 있으니 사전에 동물병원을 방문하여 검진 받아야 한다.

강아지를 입양하고 제일 처음으로 고민하는 것이 이름 짓기이다. 새로운 가족을 맞이한다는 것은 언제나 기쁘고 설레는 마음이 든다. 강아지의 이름을 빨리 짓고 가족으로서 친밀감을 형성하는 것은 정말 중요하다. 보통 사람들은 강아지를 입양하고 생김새나 털의 색상에 따라 이름을 짓는 경우가 무척 많다. 그래서 초코, 밀크, 코코 등의 이름이 무척 많다. 부르기 쉬우면서 이미지에 어울리는 이름을 선호한다. 간혹 긴 이름을 지어 부르는 사람도 있다. 하지만 이런 경우에는 긴 이름으로 인해 발음이 어려울 뿐만 아니라 부르는 사람들도 긴 이름으로 인하여 어려움을 겪게 된다.

한번 이름을 짓게 되면 강아지는 평생 동안 그 이름을 사용하게 된다. 강아지의 지능이 3세에서 5세 정도 수준이라고 볼 때 이름의 의미는 정말 큰 것이다. 그렇기 때문에 반려견의 이름은 특별하고 의미가 있어야 한다. 강아지에게 좋은 이름은 발음이 명확하고 글자 수는 짧을수록 좋다. 또한 자신의 이름을 정확하게 기억할

수 있는 이름이어야 한다. 보통 두 글자를 만들어주는 것이 좋다. 경험상 네 글자 이상 되는 경우는 이름으로 부르기에 어려움이 있다.

강아지의 이름을 정했다면 첫날부터 동일한 이름을 평생 동안 불러주어야 한다. 중간에 수시로 바꾸게 되면 강아지는 이름을 못 알아듣게 되는 상황도 발생할 수 있다. 강아지와의 교감에서 가장 중요한 것은 일관성 있는 행동이다.

　　우리가 살아가는 환경은 도심 속이거나 사람들이 함께 살아가는 주택밀집 지역이 많다. 그렇기 때문에 우리는 강아지와 함께 살아가기 위해서 이들을 정확하게 이해해야 한다. 사실 강아지는 동물이다. 강아지와 사람은 다르다는 인식을 잊지 않아야 한다. 보통의 평범한 사람들은 강아지를 이해하지 않은 상태에서 입양하는 경우가 많다. 이로 인해 강아지를 키우면서 동물로서 이해하고 대해야 하는 부분에 대해서 정확한 인지를 하지 못한다. 이것은 굉장히 심각한 문제다. 강아지를 키우면서 발생하는 초기 문제에서 올바른 대응을 하지 못하고 그 일이 왜 일어났는지도 알지 못하기 때문에 결국 사람의 생각과 시선으로 바라보고 행동하게 된다. 이와 같이 상황에서 강아지는 제대로 교육을 받거나 훈련을 하지 못한 상태로 성견이 된다. 이러한 현상으로 인해 사회에서는 점점 심각한 반려견 사건과 사고가 발생하고 있다. 강아지를 키우는 보호자가 강아지가 짖거나 무는 일이 발생하였을 때 제대로 대처하는 경우가 많이 없다. 왜냐하면 보호자가 잘 모르기 때문이다. 우리가 꼭 알아야 할 것은 그 상황을 잘 이해하고 가르치며 판단하는 것은 보호자의 평소 인식과 태도에 있다는 것이다.

　　강아지들을 생후 2개월에서 3개월 사이에 입양하여 24개월 성견이 될 때까지 보호자가 어떻게 대하고 서열인식을 어떻게 교육했느냐에 따라서 강아지 행동은 달라진다. 무의식중에라도 강아지가 항상 복종적인 행동을 하는지에 대한 관찰과 이해가 필요하다. 우리가 사소하다고 생각하는 기본적인 문제들을 늘 끊임없이 반려견의 시선에서 고민해야 한다.

　　우리는 개와 함께 살아가는 삶을 살고 있다. 이러한 삶속에서 동물과 사람에게도 서열은 존재한다. 개에게 있어서 서열은 복종이라는 자연스러운 행동이다. 개에게 서열은 정말 중요하다. 개의 조상인 늑대도 서열에 대한 우위가 있었다. 사람과 함께 살아가는 지금, 서열이 낮은 개를 대하는 모습과 서열이 높은 개들이 대하는 모습은 큰 차이가 있다. 함께 살아가는 공간속에서 개에게 우리는 리더가 되어야 한다. 서열적으로도 우위를 선점해야 한다. 그렇지 않으면 개로 인해 심각한 문제행동이 일어날 수 있다.

보호자가 서열 의식에 대한 제대로 된 이해를 하지 못하고 개를 복종하지 못하게 만드는 경우는 물림사고나 문제행동으로 고통을 받게 된다. 개가 사람을 물고 여러 가지 상황에서 난장판을 만들지 못하도록 평소에 체계적인 관리와 훈련을 해야 한다. 개는 보호자의 성향과 행동에 따라 달라진다. 보호자가 개를  키운다면 잘못된 이해와 행동을 하지 않도록 평소에 많은 노력을 기울여야 한다.

정리해 보면 우리는 현재 도심 속에서 대부분 아파트나 주거 밀집지역에 살고 있다는 사실을 잊지 않아야 한다. 개와 함께 살아간다는 것은 바쁘다는 핑계로 소홀히 할 수 있는 일이 아니다. 개를 잘 키우기 위해서는 사회성에 대한 인식을 잘 이해해야 하며 복종과 훈련에 대한 것을 반려견에게 잘 가르쳐야 한다. 보호자가 반려견을 올바르게 키우기 위해서는 서열상으로 우위를 선점하고 반려견을 통제할 수 있어야 한다. 이웃들 중에는 개를 좋아하는 사람도 있지만, 개를 싫어하는 사람들이 있다. 좋은 사회를 만들기 위해서 반려견을 잘 통제하고 관리하여 서로가 행복한 반려 문화를 만들어 갔으면 한다.

반려견에게는 다양한 몸의 행동과 표정이 있다. 강아지를 보면서 어떠한 행동과 표정을 짓는지를 잘 살펴보아야 한다. 그렇다면 강아지 행동과 표정에 대하여 알아보자.

첫 번째, 눈을 동그랗게 크게 뜬다.

사람도 놀라거나 무서우면 눈을 크게 뜨듯이 강아지들도 위협을 느끼거나 무서울 때 눈을 크게 뜨므로 불안감이나 공포감을 느낀다는 표현이다.

두 번째, 눈을 자꾸만 깜빡인다.

무서워서 스트레스가 고조되거나 시선을 피하고 싶을 때 눈을 깜박거리고 상대에게 적의가 없다고 표현할 때도 눈을 깜박거린다.

세 번째, 눈을 가늘게 뜬다.

눈이 부시거나 좋을 때도 눈을 가늘게 뜨지만 스트레스를 받을 때도 '나를 쳐다보지 말아 줘'라는 의미도 있으므로 어떤 상황인지를 파악하는 것이 좋다.

네 번째, 시선을 고정한다.

시선을 고정하는 것은 두 가지 의미가 있는데 첫 번째 상대방을 공격하려고 할 때나 상대방에게 관심을 보일 때 시선을 고정한다.

다섯 번째, 코를 핥는다.

콧물이 흘러서 닦을 때에도 이런 행동을 보이기도 하지만 불안하거나 혼란스러운 경우 코를 적셔서 후각을 민감하게 하여 정보를 많이 얻으려는 행동이기도 하다.

여섯 번째, 입을 꽉 다물고 있다.

입을 꽉 다물고 있다면 긴장하거나 스트레스를 받는 일이 있다는 것이다. 자세가 굳고 입을 벌렸지만 입꼬리가 올라가 있다면 긴장을 했다는 표시이다. 강아지가 가장 편안함을 느끼고 긴장을 늦추고 있을 때에는 입을 가볍게 벌리고 있다.

일곱 번째, 귀를 뒤로 젖힌다.

경계하거나 불안할 때, 기분이 좋아서 어리광을 부릴 때 두 가지 경우가 있으므로 반려견이 처한 상황을 보고 상태를 판단한다.

여덟 번째, 송곳니를 드러낸다.

가장 위협적인 무기를 드러내는 것이므로 이 단계를 넘기면 실제로 공격을 가하기도 한다.

2.13 반려견에게 음식을 줄 때 주의해야 할 음식은?

첫 번째, '기름진 음식'이다.

반려견에게 기름진 음식을 급여하게 되면 구토나 설사를 유발할 수 있다. 이때 잘 관리를 못하게 되면 대장염이나 췌장염까지 이어지는 경우도 종종 발생하고 있다.

두 번째, '닭/육류의 지방(비계)이 포함된 음식'이다.

반려견은 고기류를 무척 좋아한다. 하지만 반려견들이 소화를 잘 못시키는 지방은 되도록 피해야 한다. 또한 명절이나 행사가 있는 날에는 양념이 많이 들어간 음식들이 많으므로 염분의 수치가 매우 높다. 이로 인해 반려견들이 뼈를 삼키거나 잘못 먹게 되면 수술을 해야 하는 위급한 상황이 초래될 수 있다. 되도록 사람이 먹는 음식은 피하는 것이 좋다.

세 번째, '과일 및 디저트에 관련된 음식'이다.

반려견과 함께 추석 연휴를 보내다 보면 사람이 먹는 디저트인 과일을 아무 생각 없이 급여하는 경우가 있다. 예를 들어 포도는 한 알만 섭취해도 생명에 위협을 줄 수 있고, 아보카도는 페르신 성분으로 복통과 위장장애를 일으킬 수 있다.

네 번째, '조개류와 어패류에 관련된 음식'이다.

반려견은 마른 오징어나 미역 급여 시에 몸에서 수분의 부피가 늘어나 소화 장애를 일으킬 수 있다. 산낙지 같은 해산물류는 식도에 걸려서 생명에 위급한 상황을 초래할 수 있다. 조개류와 어패류는 대부분 소금의 함유량이 높기 때문에 반려견에게는 좋은 음식이 되지 못한다. 하지만 흰살 생선이나 대구살 등 간을 하지 않은 음식은 반려견에게 좋은 영향을 줄 수 있으니 이런 음식은 급여해도 좋다.

2.14 반려견 사료 급여량은 어떻게 산정해야 할까?

강아지 사료 봉지에 체중별 하루 급여량이 표시되어 있다. 자세히 보면 저체중, 보통, 과체중으로 세분화되어 분류되어 있고 강아지 사료 권장량이 표시되기도 있기도 하다. 보통 사람들이 가장 궁금해 하는 부분이 바로 그램(g)이다. 보통 몇 그램(g) 으로 해서 표시가 되어 있는 경우가 있다. 보다 자세히 설명해 보면 평소 시중에 판매되는 종이컵의 사이즈에 사료를 가득 채우게 되면 80그램(g)이다. 이를 감안하여 120그램(g)이 급여량이라고 할 때는 이렇게 계산하면 된다.

계산식
1컵=80그램(g), 반컵=40그램(g)

목표 급여량
120그램=1컵+반컵

가장 중요한 것은 반려견에게 사료를 급여하고 반려견의 배가 부르는지 안 부르는지를 꼭 체크하는 것이다.

활동량이 많은 강아지의 경우 잘못된 급여량을 산정하여 사료를 주는 경우, 저혈당이 오거나 서서히 말라가는 경우가 생긴다. 결국 활동량 대비로 해서 많이 활동을 하게 되면 체력 저하로 인해 저혈당 쇼크가 와서 강아지가 폐사되는 경우가 발생한다. 강아지에 대해  서 잘 모르는 부분들이 발생하면 언제나 전문가들이나 주위에 강아지를 키우는 사람들에게 조언을 듣는 것이 무척 중요하다. 그래야 최대한의 실수를 줄일 수 있다. 강아지를 키운다는 것은 정말 쉬운 일이 아니다.

03

반려견 커뮤니케이션

"

　반려견을 사회화 한다는 것은 보호자가 많은 관심을 가져야 한다는 것을 의미한다. 반려견의 분리불안은 필요한 시기에 적절한 교육과 훈련을 실시하지 않았기 때문에 발생하는 것이다. 반려견과 커뮤니케이션을 하기 위해서는 보호자가 최소한의 기본 소양인 행동학과 훈련에 대한 지식이 있어야 한다. 반려견이 어떻게 행동과 반응하는지 고민해야 한다. 보호자는 반려견 트레이너로서 어떤 마인드를 가져야 할까? 반려견 훈련에는 긍정을 강화하거나 부정을 강화하는 훈련이 있다. 이처럼 반려견 사회화를 시키는 과정에서 긍정적인 요소와 부정적인 요소를 잘 이해하여 반려견과 커뮤니케이션 하는 것은 정말 중요하다.

　반려견과 교감하면서 제일 많이 커뮤니케이션 할 수 있는 과정이 바로 산책이다. 산책을 통해 우리는 반려견의 행동과 패턴을 이해할 수 있다. 또한 여행이나 다른 공간으로 이동하면서 필요한 최소한의 기본예절을 반려견에게 알려 줄 수 있다. 모든 교육과 훈련은 어떻게 이해를 시키느냐에 따라 다르게 표현될 수 있다. 올바른 반려견 커뮤니케이션은 보호자가 이론적 지식과 정보를 이해하는 수준이 아닌 삶에서 매 순간마다 반려견의 반응을 수시로 잘 관찰함으로부터 시작된다. 반려견의 움직임과 이동 경로를 분석하고 개라는 동물의 특성과 반응에 대한 관심과 관찰을 게을리 해서는 안 된다. 보호자들은 반려견을 어떻게 이해하고 있으며 커뮤니케이션을 어떻게 하고 있는지 한번 생각해 보아야 할 것이다.

"

강아지는 태어나서 입양을 가기 전까지 부모견에게서 사회에 대한 기본적인 부분을 배우게 된다. 보통 평균적으로 강아지 입양을 80일이 지나기 이전에 하는 경우가 많다. 사실 이 시기에는 부모견과 형제 강아지들과 생활하면서 배워야 하는 사회성 교육이 있다. 모든 훈련은 가르치는 것도 있지만 자연적으로 배워야 하는 것도 있다. 너무 빠른 시기의 입양은 사회성 교육을 제대로 받지 못하는 결과를 만들고 있다. 이러한 상황에 놓인 반려견들이 결국에는 여러 가지 시행착오를 겪게 되는 것이다.

사회에서 어떤 경험과 행동을 배우고 익히느냐에 따라서 반려견의 삶은 달라진다. 강아지 사회화 시기는 보통 생후 3주에서 16주 사이라고 알려져 있다. 이 시기에는 외부의 자극, 새로운 환경에 대한 이해 등 다양한 경험을 해야 한다. 만약 어린 강아지를 데려와서 가정에서 가두어 키우고 이 시기에는 아무런 행동과 경험을 하지 못하게 되는 경우에는 반려견 문제행동으로 이어지는 것이다.

반려견 사회화는 사람들과 함께 살아가는 환경에서 꼭 필요한 훈련이다. 강아지를 입양하고 반려견 사회화에 신경을 써야 하는 이유는 어린 강아지가 성견이 될 때까지의 과정이 2년이라는 짧은 시간으로 소요되기 때문이다. 보통의 강아지들이 생후 2개월에서 24개월이 되었을 때, 모든 사회화 훈련이 종료된다. 사실 24개월이 되면 성견이 되었기 때문에 사람과 비교하여 볼 때 성인이라고 보면 된다. 사람도 그렇듯이 성인이 된 이후에는 잘못된 습관과 행동을 쉽게 바꿀 수 없다. 그렇기 때문에 사회화가 되지 않은 경우에는 반려견이 보호자를 물거나 타인에게 피해를 끼치는 사회적인 문제로 돌아오게 되는 것이다.

현재 대한민국에서 자주 이슈가 되는 개 물림사건의 경우에도 반려견 사회화가 제대로 이루어지지 않아서 반려견 문제행동으로 이어지는 경우가 많다. 근본적인 원인은 반려견 사회화 교육의 중요성을 보호자가 인지하지 못하고 강아지를 입양 후에 가두어 키우기 때문이다. 강아지는 장난감처럼 필요할 때 꺼내 보는 소유물이 아니다. 생명으로써 삶을 함께 해야 하는 존재임을 기억했으면 한다.

본래 개의 원초적인 본능과 행동 그리고 습관은 사람들의 관심과 교감을 통한 훈련과 교육으로 바뀔 수 있다. 그렇게 하기 위해서는 보호자는 행동학, 훈련 등에 대한 다양한 경험과 지식을 가지고 있어야 한다. 문제견의 탄생은 보호자의 기본적인 소양이 부족하여 일어나는 상황에 대한 이해가 부족한 경우가 너무나 많다.

사회화를 거치지 않은 강아지는 공격적인 성향을 가질 수밖에 없다. 사회화는 새로운 자극에 노출되는 것으로 초인종 소리, 텔레비전 소리, 떠들고 노는 아이들 소리 등 다양한 자극이 필요하다. 보호자는 반려견이 다양한 경험이나 환경변화에 빠른 적응을 할 수 있도록 다양한 경험을 제공해야 한다.

반려견과 함께 하는 삶에서 잘못된 대소변, 분리불안 등의 문제행동은 정말 필요한 시기에 적절한 교육을 받지 못한 경우에 많이 발생한다. 사람들이 적절한 시기에 관심을 가지고 교육시키며 작은 행동으로 실천한 경우에는 이러한 문제는 절대 생기지 않는다. 보호자는 반려견의 주인이기 이전에 삶을 함께하는 동반자다. 함께 하는 동반자의 마음으로 잘 생활하고 성장할 수 있도록 반려견을 도울 수 있어야 한다.

반려견 사회화는 어린아이를 키우는 마음으로 진행해야 한다. 3세에서 5세 사이에 있는 어린아이를 키우는 부모의 마음으로, 아이들이 이해할 수 있는 눈높이로 다양한 경험을 제공하고자 노력해야 한다. 반려견에게 긍정적인 훈련과 함께 사회화에 대한 교육을 하는 것은 보호자라면 누구나 실천해야 할 과제다. 사회화 교육을 통해 보호자가 반려견에 대한 생명적 존엄성과 가치를 이해해야 한다. 좋은 반려견으로 성장시키기 위해서는 보호자가 책임과 의미를 다해 많은 관심을 가지고 행동으로 실천해야 한다.

지금 세상 사람들은 쉽게 강아지를 입양하면서 물건을 사듯이 데려와서 키우고 있다. 그런 마인드와는 다르게 반려견 사회화 교육에 대해서는 너무나 어렵게만 생각한다. 그래서 아무런 준비와 노력도 하지 않고 방치하고 있다. 반려견은 새로운 환경과 사람들과의 만남을 통해 익숙해지는 경험을 해야 한다. 이러한 경험이 있어야 다른 강아지들과 사물을 대하는 태도가 바뀌게 된다. 또한 사회의 구성원으로 살아가야 하는 세상에서 필요한 기본예절이나 친밀한 관계 형성은 반려견에게는 꼭 필요한 과정이다.

3.2 반려견 분리불안은 왜 생길까?

우리는 강아지를 키우면서 잘 이해하고 행동한다고 생각한다. 하지만 우리가 보지 못하는 곳에서 강아지들은 하울링하며 울부짖고 괴로워한다. 보호자가 어떻게 행동하느냐에 따라 반려견의 삶은 천국과 지옥을 오르락내리락한다고 할 수 있다. 분리불안에 대해 알아보자.

강아지에게 분리불안은 왜 생길까? 보호자와 분리되는 순간에 강아지는 하울링을 하며 울부짖고 괴로워한다. 보호자가 나타나면 천국에 온 듯이 기뻐하지만 사라지는 보호자를 보게 되면 지옥을 온 듯이 괴로워 할 것이다. 이러한 행동은 보호자의 사소한 행동에서 시작되며 분리불안 행동에 대한 이해 없이 강아지를 대할 경우에는 더 심각한 문제를 일으킬 수 있다. 우리가 강아지에 대한 행동학을 익혀야 하는 이유도 여기에 있다. 강아지를 키우면서 보호자의 사소하다 싶은 행동 하나하나가 얼마나 큰 영향을 끼치는 것인가를 항상 고민해야 한다.

첫 번째, 분리불안이란 무엇인가?

분리불안은 보호자가 집 또는 다른 장소로 이동하게 되면서 반려견과 분리가 예상될 때 반복적으로 심하게 불안 증상을 느끼는 것을 의미한다. 함께 살아가는 애착 대상인 보호자가 보이지 않거나 분리된 상황에서 극도로 불안해하거나 이상한 행동을 보이게 된다.

두 번째, 분리불안 증상은 어떤 것이 있나?

분리불안의 증상으로는 식분증, 땅 파기, 물어뜯기, 하울링, 배변, 탈출하기 등을 들 수 있다. 왜 이런 문제들이 반복되고 있으며 반려견들의 심리 상태에서 왜 분리불안 증세가 계속될까에 대해 고민해 보아야 한다. 대체적으로 반려동물을 키우는 사람들은 분리불안에 대해 발생하는 원인을 정확히 인지하지 못하고 있다. 즉, 분리불안에 대해 정확한 이해를 하지 못하고 대응하려고 한다. 기본적인 소양과 지식이 반영되어 있어야 분리불안 문제에 직접 대응할 수 있는 것이다. 특히 새끼 강아지들의 분리불안 행동은 조기에 확인해야 한다. 보호자가 강아지를 입양 후에는 관심을 가지고 잘 관찰하는 습관을 길러야 한다. 이를 통해 발생하는 상황에 빠르게 대응해야 조기에 분리불안을 멈출 수 있다.

세 번째, 분리불안 사례는 어떤 것이 있을까?

우리는 다양한 패턴의 분리불안 사례를 알아야 한다. 예를 들어, 보호자가 바뀌거나 타인에게 입양된 경우, 일정한 패턴으로 함께 하던 보호자의 시간 패턴이 바뀐 경우, 기존에 살고 있는 환경(집)이 바뀐 경우, 보호자의 사망이나 이사 등으로 보호자의 신변에 이상이 생긴 경우를 들 수 있다.

마지막으로 분리불안 훈련의 가장 기본이 되는 것은 무엇일까?

분리불안에 있어서 가장 기본이 되는 것은 반려동물행동학의 이해다. 사람들이 말하기 이전에 반려동물이 보이는 행동의 이상 유무를 반드시 체크해야 한다. 많은 사람들이 실수하는 것 중의 하나가 바로 반려동물의 질병적 문제를 이상행동으로 분리하여 행동교정을 진행하려고 할 때가 있다. 항상 건강관리가 기본이다.

3.3 반려견 산책은 어떻게 해야 할까?

우리는 평소 강아지를 키우면서 일주일에 몇 번 정도 산책을 하고 있을까? 많은 연구에 따르면 반려견을 키울 때, 최소 일주일에는 3번에서 4번 정도 산책을 진행하는 것이 좋다고 한다. 사실 강아지들은 생후 2개월에서 3개월에는 실내나 마당 같은 곳에서 자유롭게 뛰어노는 것이 정말 필요하다. 강아지는 사회화 훈련이 되어야 하기 때문에 어릴 적에 많은 외부활동을 하는 것이 중요하다. 하지만 보통 펫숍에서 입양되는 강아지는 5차 접종까지 맞춘 후에 산책시키는 것을 권장한다. 이는 건강하지 못한 환경에서 잘못된 접촉으로 질병이 유발되기 때문이다. 산책이 나쁜 것이 아니라 펫숍에서 입양된 강아지들의 상태를 보장할 수 없기 때문에 되도록 건강한 컨디션을 만들고 산책하는 것이 좋다. 펫숍의 강아지들이 질병의 문제가 생기면 강아지가 아프고 괴로울 뿐만 아니라 일반 진료비 발생으로 비용적인 문제가 있기 때문에 건강하게 강아지 컨디션을 관리해야 한다.

강아지 사회화 관점에서 강아지는 2개월에서 4개월 시기에 사회화에 대한 많은 것을 배우게 된다. 이 시기에 건강한 부견과 모견 사이에서 잘 길러진 강아지들은 사회화 능력이 뛰어나다. 하지만 펫숍이나 경매장을 통해 유통된 강아지의 경우는 정말 필요한 사회화 시기를 놓치게 되는 경우가 많다. 강아지에게 시기를 놓친다는 것은 분리불안 등 많은 반려견 문제행동을 일으키게 된다.

오늘날 우리는 강아지들을 키우면서 산책에 대한 방법을 고민하고 있다. 산책이라는 의미는 휴식을 취하거나 건강을 위해서 천천히 걷는 일을 의미한다. 강아지 산책에서 가장 좋은 방법은 리더 워크(Leder Walk) 방법이다. 리더 워크는 반려견의 보호자인 가족 중 한명이 리드줄을 잡고 강아지를 왼쪽에 붙여 반려견과 호흡을 맞추어 걷는 방법이다. 이 상황에서 가장 중요한 핵심은 강아지와 시선을 마주치거나 말을 걸지 않고 앞으로 자연스럽게 걸으며 U자형으로 리드줄을 잡는 것이다. 강아지와 함께 걸으며 "따라"라는 말을 하며 함께 걷고 "멈춰"라는 말에 길을 가다 멈추면 된다. 또한 앉아, 기다려 등 기본적인 훈련을 하면서 복종훈련을 시키는 것도 무척 중요하다. 강아지에게 어떠한 신호를 주고 어떠한 교육을 시키느냐에 따라 강아지 길들이기는 달라질 수 있다. 가장 중요한 포인트는 일정한 패턴과 억양, 행동이 일관되게 반복되어야 하는 것이다.

리더 워크의 핵심은 강아지를 보호자가 핸들링하면서 리더로서 인식하게 하는 것이 중요하다. 강아지 리드줄을 왼손으로 잡고 빠지지 않도록 U자형을 그리면 자연스럽게 걸어야 한다. 강아지가 앞으로 나가려고 하면 리드줄을 끌어당기면서 다른 방향으로 턴을 하는 것도 무척 중요하다. 이는 강아지가 자유분방하게 주도적으로 산책하는 것이 아니라 보호자와 함께 호흡하면 걷는 것에 익숙해지는 훈련 방법이다.

강아지가 앞장서서 줄을 끌고 가는 것은 강아지가 리더라고 생각하기 때문이다. 즉, 이와 같은 반응에 대한 훈련 시에는 기본적으로 강아지에게 "가자"와 "서"를 함께 훈련시켜야 하며 기다릴 수 있도록 "기다려" 훈련을 병행해야 한다.

강아지 산책은 평균적으로 소형견 같은 경우는 하루 1회에 30분 정도가 적당하다. 중형견이나 대형견 같은 경우에는 하루 2회에 30분 이상이 적당한 수준이다. 사실 강아지를 산책시키는 시간은 건강상태나 생활환경에 따라 매우 큰 차이를 보일 수 있다. 그러므로 보호자는 자신에게 맞는 강아지 산책 방법을 찾아야 할 것이다.

　강아지 산책 시 가장 주의해야 할 점은 산책을 다닐 때 보게 되는 흙이나 이물질을 먹지 않도록 하는 것이다. 또한 최근에는 유박사료를 잘못 먹게 되어 강아지가 죽음에 이르는 사례들이 많이 발생하고 있다. 그러므로 강아지가 외부 활동 시에는 절대 바닥의 음식물이나 이물질을 먹지 않도록 훈련시켜야 할 것이다. 만약 산책 시 바닥의 냄새나 음식물로 인해 강아지가 달려가려 한다면 즉시 "안 돼"하고 리드 줄을 강하게 잡아당겨서 통제해야 한다. 강아지의 지능은 3세에서 5세 수준이기 때문에 쉽게 이해할 수 있도록 즉각적인 행동을 해야 한다. 마지막으로 강아지 산책은 주인과의 유대감 형성을 위해 가장 중요하다. 그렇기 때문에 강아지를 산책 시킬 때에는 이러한 상황이 잘 지속될 수 있도록 사전 준비물을 꼭 챙겨야 한다. 배변 봉투, 물통, 이름표 등을 잘 챙겨서 강아지를 산책 시 활용해야 한다. 강아지는 산책을 통해 스트레스를 해소할 수 있으며 사회성도 향상된다. 강아지와 함께 행복 하기를 원한다면 강아지 활동량과 운동량을 채워주기 위해서 많은 노력을 해야 한다.

3.4 반려견 트레이너에게 꼭 필요한 마인드는?

　반려견 트레이너는 반려견이 가족 구성원들과 함께 살아가면서 주변 환경에 대한 사회성을 기를 수 있도록 돕는 역할을 하는 사람을 의미한다. 기본적으로 반려견 복종, 배변, 짖음, 크레이트 등의 훈련을 진행하며 반려견이 올바르게 생활할 수 있도록 돕는 역할을 해야 한다. 요즘은 반려견 트레이너들이 유기견 재사회화 훈련이나 동물학대 방지 등의 다양한 분야에서 사회적인 공익활동을 펼치고 있다.

　반려견 트레이너는 단순히 자격증만 취득하여 반려견을 키우는 사람들이 아니다. 반려견에 대한 지식과 정보를 이해하고 실천함으로써 오랜 경험과 실습을 통해 완성

되는 전문가를 의미한다. 이를 위해서는 반려견에 대한 기초 훈련에서부터 반려동물 행동학에 이르는 체계적인 교육을 익히고 배우는 것이 무척 중요하다.

반려견 트레이너에게 있어서 가장 중요한 것은 반려견을 사랑하고 생명으로써 존중하는 가치관이다. 올바른 가치관을 가진 사람들이 반려견을 가족으로서 사랑할 수 있으면 생명을 끝까지 책임지기 때문이다. 반려견 트레이너는 단순한 호기심으로 강아지를 접근하는 것이 아닌 생명으로서 평생 희로애락을 함께 하는 가족으로 바라보는 시각을 가져야 한다.

3.5   반려견 긍정강화와 부정강화는 무엇인가?

반려견에 대한 긍정강화는 반려견이 살고 있는 환경에서 자극을 추가하면서 미래에 일어나는 행동을 긍정적인 영향으로 이끌어내는 행동을 의미한다. 부정강화는 반려견이 살고 있는 환경에서 자극을 제거하면서 미래에 일어날 행동이 일어나지 않도록 강압적인 영향으로 이끌어내는 행동을 의미한다. 반려견 훈련에 있어서 긍정강화가 맞는 반려견도 있고 부정강화가 맞는 반려견이 있을 수 있다. 또한 견종과 특성에 따라 훈련 방식은 천차만별이다. 반려견의 반응과 심리상태를 빠르게 파악하여 반려견에게 맞는 훈련을 하는 것이 필요하다.

최근에는 목줄을 차고 훈련하는 방식이 아닌 가슴줄(하네스)이나 긴 줄을 활용하여 반려견에게 긍정강화 교육을 실시하고 있다. 이 훈련을 하는 훈련사나 트레이너는 강압적인 방식보다는 반려견에 대한 행동과 심리상태를 파악하여 긍정적인 행동으로 이끌어내는 역할을 하고 있다. 훈련에 있어서 가장 중요한 것은 반려견과 교감하고 커뮤니케이션하는 올바른 방법을 찾는 것임을 잊지 않았으면 한다.

3.6 반려견의 배변상태 점검 방법은?

첫 번째, 반려견 배변 횟수를 체크하라.

반려견 배변에서 가장 이상적인 것은 같은 시간대에 같은 장소에서 배변을 하는 것이다. 사실 배변의 횟수는 적거나 많아도 크게 상관은 없다. 사실 어린 강아지의 경우는 식사 횟수가 많기 때문에 성장 중에는 횟수가 조금 많을 수 있다. 이러한 배변상태에 대해서는 크게 걱정할 필요는 없다.

두 번째, 반려견 변의 형태를 확인하라.

단단하면서 색깔이 적당하게 갈색을 띠면 건강에 큰 문제가 없다고 볼 수 있다. 휴지로 집었을 때 바닥에 흔적이 거의 남지 않을 정도가 좋은 변이다. 평상시와 변의 형태가 다른지, 색상이 이상한지, 이물질이 섞여 있는지 등을 살펴 건강을 체크해 보아야 한다.

세 번째, 반려견 변의 냄새를 확인하라.

반려견 변의 냄새를 확인해야 하는 것은 배변의 냄새가 건강과 직결되기 때문이다. 변의 냄새는 몸이 아프거나 질병이 생겼을 때 평상시와 다른 심한 악취가 발생한다. 특히 장염의 경우에는 피가 섞인 비릿한 냄새가 역하게 난다. 또한 기생충과 이물질을 먹어서 변이 이상하게 나타날 수도 있다. 이런 경우에는 반드시 가까운 동물병원을 방문하여 진료를 받아야 한다.

네 번째, 반려견 이상 징후를 확인하라.

반려견이 변을 보는 횟수가 많을 때는 급성이나 만성 대장염, 대장의 종양을 의심해 볼 수 있다. 또한 야채 과다 섭취, 또는 전분이나 지방이 많이 들어간 음식을 많이 먹어도 그럴 수 있다. 만약 반려견의 변이 나오지 않을 때는 직장 종양이나 항문낭염, 항문 염증, 칼슘제의 과다 공급이 원인일 수 있다. 이러한 경우는 발생하는 변은 물 같은 변일 경우는 장염을 의심해 볼 수 있다. 그리고 식중독, 약물 중독, 지방 과다 섭취 등의 원인으로 강아지가 이상 징후를 보이는 경우도 있다. 이런 경우에는 급여하던 음식이나 사료를 즉각 중단하고 가까운 동물병원에 방문하여 진료를 받아야 한다.

3.7 반려견 산책 시 가장 많이 하는 2가지 질문

강아지와 함께 하는 첫 번째 산책은 언제부터가 좋은가?

강아지의 사회성은 보통 3주~15주 사이에 형성이 된다. 생후 3주부터는 강아지들의 사회화가 이루어지기 때문에 보호자는 사회화 교육에 대한 인지와 실천을 해야 한다. 강아지들은 늦어도 3개월이 된 시점에는 산책을 경험해야 한다. 요즘은 펫숍에서 강아지를 입양하는 경우가 많은데, 이런 경우는 질병적인 문제로 인해 예방접종 5차 이후에 산책하라는 경우도 많다. 3개월이 원칙이기는 하지만 강아지가 예방접종이 완료되지 않은 경우에는 예상치 못한 전염병에 감염된 경우 폐사를 할 수 있는 위험도 있다. 중대 질병인 홍역과 파보는 한순간에 감염될 수 있을 정도로 전파력이 상당히 크다. 항상 사소한 행동하나가 큰 문제를 만들 수 있기 때문에 작은 것 하나에도 주의하는 습관을 가져야 한다.

강아지들은 가슴에 줄을 매면 왜 자꾸 벗으려고 할까?

요즘 강아지 줄과 관련해 많은 제품들이 나오고 있다. 하네스, 리드 줄 등 다양한 제품들과 기능을 가지고 있다. 강아지가 줄을 처음 착용하게 되면 자신의 몸에 줄이 닿는 것에 굉장히 거부감을 느낄 수 있다. 그렇기 때문에 강아지 줄이 불편하고 무서운 것으로 인식되지 않도록 보호자가 관심을 가지고 좋은 기억을 만들어 줄 필요가 있다. 즉, 가슴에 줄을 채우고 간식을 주거나 칭찬을 해 줌으로써 이렇게 하면 보호자가 좋아한다는 기억을 심어주는 것이 상당히 중요하다. 모든 훈련은 반복 학습이다. 강아지들에게 좋은 기억을 만들어 주기 위해서는 계속 반복하면서 학습해 나갈 때 비로소 강아지들의 변화된 모습을 볼 수 있다. 훈련 시에는 시간을 조금씩 늘려가는 것이 중요하다. 훈련을 3분, 5분, 10분, 15분, 30분, 1시간 등 적응하는 시간을 점진적으로 늘려가다 보면 어느새 강아지들은 줄에 익숙하게 되는 시점이 생긴다.

첫 번째, 강아지 카시트를 준비하라.

요즘에는 강아지 카시트가 잘 나와 있다. 여행을 가기 전에 미리 구매해서 평소에 집에서 카시트에 적응하도록 많이 놀아주거나 좋아하는 간식을 먹는 등 카시트에 거부감이 없이 적응하도록 해야 한다. 켄넬에 잘 들어가는 강아지들은 켄넬을 이용하는 것도 안전과 정서상 좋다. 강아지들도 멀미를 할 수 있다. 이런 경우에 가장 중요한 것은 반려견이 편하게 사용할 수 있는 제품이다.

종종 운전자에 무릎에 앉아서 가거나 창문을 열어 반려견 얼굴이 밖으로 나와 있는 모습을 볼 수 있다. 이는 무척 위험한 행동이므로 반려견과 보호자의 안전을 위해 카시트나 전용 켄넬을 이용하는 것이 가장 안전한 방법이다. 또한 마지막으로 보호자는 배변 상태와 컨디션을 주기적으로 체크하라.

두 번째, 강아지 먹이를 급여하지 말고 배변을 본 후 출발하라.

가급적 차 타기 2~3시간 전에는 강아지에게 먹이를 주지 않는 것이 좋고 가급적 배변을 한 후에 출발해야 한다. 출발 전 간단한 산책은 반려견이 차에서 얌전히 있을 수 있도록 도움을 준다. 반려견마다 성향이나 행동이 다르므로 보호자가 평소에 강아지를 잘 관찰하여 반려견에 맞는 행동과 패턴을 인지하고 실천하는 것이 가장 중요하다.

세 번째, 강아지가 좋아하는 물건을 활용하여 스트레스를 최소화하라.

평소에 반려견이 좋아하는 담요나 장난감 등을 가지고 가서 환경이 바뀌어 스트레스 받는 것을 완화하도록 해야 한다. 평소에 사용하던 물건을 사용함으로써 반려견에게 최대한 안정감과 편안함을 줄 수 있어야 한다. 그래야 반려견들이 스트레스를 받지 않아서 멀미나 아픈 행동을 최소화 할 수 있다.

장거리 이동 시 두 시간 간격으로 중간 중간 적절한 장소에서 배변도 하고 물도 마실 수 있도록 쉬어 가는 것이 좋다. 보호자의 관심과 관찰이 강아지가 불편하지 않고 이동할 수 있는 지름길이다. 또한 갑작스러운 환경의 변화에 가장 빠르게 적응할 수 있는 길임을 잊지 않았으면 한다.

3.9 반려견 훈련 시 꼭 알아야 할 4가지

첫 번째, 반려견 입장에서 생각하라.

반려견은 사람이 아니다. 사람의 입장에서, 사람의 지능으로 생각하면서 훈련을 하면 안 된다. 반려견 수준과 지능을 항상 고려하여 어떻게 해야 할지를 고민해야 한다. 가장 좋은 훈련은 반려견과 보호자가 모두 즐거운 훈련이다. 우리가 기억해야 할 것은 반려견의 평균 나이가 3살이라는 점이다. 당신은 어떻게 반려견의 눈높이를 맞추어 줄 수 있을까?

두 번째, 반려견 훈련의 일관성을 가져라.

자녀를 교육할 때도 일관성이 가장 중요하다. 반려견 또한 일관성 있게 훈련하지 않으면 반려견의 혼란만 초래하고 제대로 훈련되지 않는다. 어느 날은 보호자가 "앉아"하고 부드럽게 이야기했다가 어느 날은 무서운 목소리로 "앉아"하고 이야기 하면 안 된다.

강아지는 항상 패턴과 억양을 기억하고 있다. 소리를 기억하고 반응한다는 사실을 잊어서는 안 된다. 보호자가 훈련 용어를 "하지 마" 했다가 "안 돼" 했다가 바꿔서 하게 되는 것도 반려견에는 무척 큰 혼란으로 기억될 수 있다. 보호자는 명령할 때 정확하게 발음하도록 유의하고 여러 번 반복적으로 이야기하지 않도록 노력해야 한다. 강아지에게 동일한 톤과 억양, 패턴을 일정하게 하는 것이 무척 중요하다. 이러한 일관성은 보호자가 반드시 지켜야 하는 것이다.

세 번째, 반려견 훈련의 타이밍에 즉시 행동하라.

반려견이 명령에 따라 행동했다면 그 즉시 칭찬을 해야 한다. 반면 반려견이 틀린 행동을 했다면 그 즉시 교정을 해야 한다. 보호자들이 가장 실수하는 것은 시간이 지난 칭찬이나 꾸중을 하는 경우다. 이는 반려견에게 심각한 혼란을 주는 가장 안 좋은 행동이다. 시간이 지났을 경우에는 보호자는 반드시 다음 행동을 보일 때까지 기다렸다가 칭찬이나 교정을 해야 한다. 강아지는 지나간 시간에 대하여 인지하지 못한다. 그렇기 때문에 잘못된 행동을 발견한 즉시 반려견에게 알려주어야 한다.

네 번째, 반려견을 기다려주고 좋은 기억을 만들어줘라.

천방지축 반려견이 통제가 안 된다고 그때 바로 훈련을 하지 말고 어느 정도 흥분을 가라앉히고 에너지를 소비한 다음 훈련을 하도록 해야 한다. 또한 훈련은 즐거운 것이라는 생각이 들도록 해야 한다. 반려견이 즐거워하고 긍정적인 시간이라 느껴야 성공적인 훈련이 이루어지기 때문이다. 세상에 나쁜 개는 없다. 하지만 올바른 방법을 모르는 보호자는 참 많다. 보호자가 훈련에 성공하기 위해서 가장 중요한 것은 어떻게 하면 좋은 기억을 만들어줄까에 대한 고민으로부터 시작되어야 한다. 그래야 반려견의 눈높이를 맞춘 교육을 진행할 수 있다. 이러한 경험으로 강아지는 올바르게 성장하게 될 것이다. 당신은 반려견에게 어떤 기억을 만들어주고 있는가?

04

반려견 배변훈련상식

"

　강아지를 키우면서 가장 많이 고민하는 것이 배변훈련이다. 솔직히 말해서 배변 훈련만 잘 되어 있으면 그 외에 다른 훈련이 되어 있지 않아도 어느 정도는 함께 살아가는 것에 지장이 없다. 하지만 배변훈련이 되어 있지 않다면 강아지와 함께 살아간다는 것은 무척 힘든 일이다. 지금처럼 도시화 된 구조에서는 아파트나 빌라 등에서 강아지를 기른다. 이러한 환경에서 배변훈련이 성공하지 못하게 되면 냄새와 청소 문제로 많은 고통이 따르게 된다. 필자는 강아지를 키울 때 가장 중요한 것이 배변훈련이라고 생각한다. 강아지를 사랑한다면 정말 배변훈련에서 만큼은 많은 신경을 써야 하고 사전에 꼭 필요한 지식은 습득하여야 한다. 그래야 강아지와 평생을 반려견과 행복한 삶을 살아갈 수 있기 때문이다.

"

강아지를 처음 데려올 때는 귀엽고 사랑스러운 겉모습만 본다. 하지만 막상 키워보니 여러 가지 발생하는 문제로 보호자는 엄청난 스트레스를 받는다. 이 스트레스가 원인이 되어 강아지들이 유기되는 경우가 참 많다. 그중에 가장 큰 문제로 제기되는 것이 바로 배변훈련이다.

사실 배련훈련이 정말 잘 된 강아지의 경우는 강아지를 좋아하는 가족과 싫어하는 가족들 사이에서도 문제없이 함께 생활할 수 있다. 그러나 배변훈련이 안 된 경우는 강아지를 싫어하는 가족들과의 분쟁에서 많은 스트레스를 받게 된다. 이로 인하여 다른 곳으로 입양 보내거나 때에 따라서는 유기하는 상황을 초래하기도 한다. 그렇다면 배변훈련은 어떻게 시켜야 할까?

첫 번째, 배변 교육의 시기를 인지하고 훈련시켜야 한다.

강아지는 사람과 마찬가지로 너무 신생아 때에는 대변과 소변을 조절할 수 있는 능력이 떨어진다. 강아지를 입양하여 훈련하는 시기는 생후 8주 이후부터가 가장 바람직하다. 우리가 기억해야 할 것은 강아지는 태어나는 순간부터 2년이라는 시간 동안에 성견이 된다는 사실이다.

만약 이 시기에 잘못 형성된 고집이나 습관은 문제행동으로 이어진다. 반려견 평생의 삶을 좌우할 만큼 중요한 시기다. 이 시기에 어떻게 훈련시키느냐는 보호자가 어떻게 노력하느냐에 따라서 달라진다. 우리는 반려견들의 모습이 바뀔 수 있음을 꼭 생각해 보아야 한다.

두 번째, 강아지의 배변의 징후에 대해 이해하라.

강아지를 키우면서 배변의 징후를 잘 관찰해야 한다. 왜냐하면 강아지 훈련의 가장 중요한 것은 타이밍과 패턴 그리고 그것을 대하는 보호자의 억양과 행동에 있다. 대체적으로 강아지는 잠을 자고 일어난 후나 식사 후의 1시간 내외로 배변을 보게 된다. 이때 강아지를 잘 관찰하게 되면 자리를 찾아 냄새를 맡거나 빙글빙글 도는 형태의 모습을 보이게 된다. 강아지를 관찰하면서 이러한 행동을 하게 된다면 배변을 하려는 순간이라는 것을 알 수 있다. 이때 즉시 원하는 장소로 이동하게 하거나 원하지 않는 장소에서는 배변하려고 할 때는 타이밍을 봐서 즉시 행동을 교정해 줄 수 있어야 한다. 예를 들어 울타리에서 강아지가 밥그릇과 잠자는 곳을 구분하고 그 사이에 배변판이 있다면 살살 배변판 위로 이동시켜서 배변을 보게 하고 성공한다면 칭찬과 보상을 아끼지 않아야 한다. 강아지 훈련에서 가장 중요한 것은 타이밍과 보상임을 잊지 말았으면 한다.

세 번째, 강아지에 대한 본격적인 배변 교육에 대하여 알아보자.

강아지는 사람과 마찬가지로 자신의 생활공간에 배변을 하지 않는다. 강아지는 자신의 생활공간과 떨어진 곳에 배변을 하고 자신의 공간은 청결하게 유지하려는 속성을 갖고 있다. 하지만 처음부터 너무 넓은 공간이 주어지면 실수를 할 수 있기 때문에 처음에는 작은 공간부터 시작하여 천천히 점진적으로 공간을 넓혀 주는 것이 가장 좋은 방법이다.

Step1 ⭐
강아지 울타리 곳곳에 배변패드를 깔아 준다. 그리고 강아지 배변 신호를 보이면 배변패드 위로 데리고 올라가게 한다.

Step2 ⭐
강아지가 배변패드 위에서 배변을 보았다면 행동을 한 즉시 폭풍 칭찬과 보상을 아끼지 않아야 한다. 다른 곳에 했다면 패드 위에 배설물을 살짝 묻혀두고 실수한 자리를 냄새가 나지 않도록 깨끗하게 소독하고 청소해야 한다. 절대 냄새가 남아 있으면 안 된다. 강아지 훈련은 반복훈련이다. 강아지에게 어떠한 기억을 만들어주느냐에 따라 강아지의 행동은 완전히 달라질 수 있다.

Step3 ✦

위와 같은 과정이 잘 되었다면 점차 공간을 넓혀 주면서 동일한 패턴과 행동으로 배변훈련을 진행하면 된다. 이렇게 반려견 훈련은 보호자가 원하는 장소로 이동하기까지 점진적으로 이루어져야 강아지가 스트레스를 받지 않고 정확하게 이해할 수 있다.

4.2 반려견 배변훈련 시기는?

강아지를 입양하고 가장 많이 고민하는 것 중의 하나가 강아지 배변훈련 시기다. 보통 일반적으로 배변훈련 시기는 생후 12주(3개월)정도부터 실시한다. 강아지가 3개월이 되기 전까지는 몸이 아직 어리기 때문에 괄약근이나 대소변에 대한 조절이 쉽지 않다.

또한 이 시기에는 강아지가 낯설고 변화하는 환경에 적응할 수 있도록 보호자는 강아지를 도와야 한다. 강아지 입양 후 꼭 알아야 할 것은 강아지는 새로 환경이 바뀐 경우 주변 탐색을 통해서 48시간 이내에 배변 볼 곳을 기억한다는 점이다.

강아지는 24개월이 되면 성견이 된다. 배변훈련 교육도 어릴 적에 제대로 시켜야 한다. 왜냐하면 성견이 된 후에는 잘못된 배변훈련을 교정하는 일이 무척 힘들기 때문이다. 보호자가 강아지를 사랑한다면 어린 시절에 다양한 경험과 필요한 훈련을 적시적소에 맞도록 진행해야 한다.

강아지를 입양하고 꼭 필요한 유견기 시절의 배변훈련은 생후 3개월에서 4개월 사이가 적절하다. 하지만 강아지를 빠른 시기에 입양하게 된다면 환경이 바뀌는 시점부터 강아지를 배변훈련 시킬 수 있어야 한다.

유견기의 배변훈련에서 가장 중요한 것은 강아지의 지능이 3세에서 5세 정도의 어린아이와 같은 수준임을 인정하고 눈높이를 맞추어 교육하는 것이다. 보호자는 강아지의 수준에 맞추어 훈련해야 하며 발생되는 상황에서 참고 인내하는 습관을 가져야 한다. 강아지가 실수를 하게 되더라도 이해할 수 있도록 천천히 반복 훈련하는 것이 가장 중요하다.

첫 번째, 유견기의 강아지에게 울타리를 사용하라.

보통 강아지들이 펫숍에서 입양을 가게 되면 잠복기가 있다. 유견기의 강아지들은 대부분 펫숍에서 유통되면서 홍역과 파보라는 중대 질병이 잠재되어 있다. 그렇기 때문에 잠복기가 나타나는 15일(2주 정도)까지는 울타리에서 강아지를 적응시키는 것이 좋다. 또한 유견기의 강아지들은 생후 14주까지 배변을 많이 보게 된다. 왜냐하면 어린 강아지의 경우는 괄약근이 약하여 마음대로 배변을 조절할 수 있는 능력이 없다. 어린 강아지가 방광이나 몸속에 일어나는 활동을 억제하는 것 자체가 불가능하다.

보호자는 강아지가 왜 그렇게 움직이고 있는지 이상행동에 대해 연구해야 한다. 강아지가 끙끙거리거나 주변을 빙글빙글 도는 행동을 한다면 배변을 하려는 행동으로 봐야 한다. 이러한 행동의 모습은 강아지마다 다르며 견종마다 특성이 있다.

보통 울타리를 구매하게 되면 울타리마다 다르지만 1.5m정도 되는 사이즈를 가지고 있다. 이보다 넓은 울타리도 있지만, 아직 어린 강아지에게는 활동 반경이 넓지 않는 것이 좋다. 울타리를 설치하고 식기를 놓는 공간과 잠자리 공간을 명확하게 구분해 주어야 한다. 또한 잠자리 공간 앞쪽에는 배변판을 설치하여 실내 배변을 할 수 있도록 유도해야 한다.

생후 8주에서 10주 사이의 강아지들은 주변 환경에 적응을 하지 못한 상태다. 어린 강아지들은 두려움과 무서움을 많이 느끼게 된다. 강아지를 대할 때 최대한 부드럽게 대해야 한다. 강아지 배변훈련에서 가장 중요한 것은 보호자와의 관계 형성임을 잊지 않아야 한다. 결론적으로 울타리에 공간을 정확히 분리하고 식후 30분 내에 강아지가 이상 행동을 보이면 배변판 앞으로 유도해야 한다. 또한 강아지가 배변을 하게 되면 칭찬을 아끼지 않아야 한다.

그러나 강아지가 배변 실수를 하게 된다면 행동을 무시하고 다시 성공할 수 있도록 유도해야 한다는 사실을 잊지 않아야 한다. 가장 많이 하는 실수 중 하나가 강아지 발에 오줌이 묻는 경우다. 오줌이 묻게 되면 이러한 부분의 냄새로 인해서 실수하는 장소가 점점 늘어날 수 있다. 그렇기 때문에 강아지 발의 털은 항상 깨끗하게 다듬어 주어야 한다.

두 번째, 강아지가 배변을 할 때 소변을 묻혀 배변판의 냄새를 활용하라.

위에서 언급한 것처럼 강아지를 배변판에 올려놓았을 때 강아지는 배변판의 냄새를 맡게 된다. 그렇기 때문에 배변판의 패드를 치울 때 강아지의 오줌을 조금 묻혀두는 것이 중요하다. 왜냐하면 강아지가 다시 이곳에 배변을 해야 한다는 사실을 알려주기 위함이다.

만약 강아지가 원하지 않는 장소에 실수를 했다면 주변을 깨끗하게 청소하고 냄새가 나지 않도록 조치를 취해야 한다. 강아지가 배변 냄새를 인지하므로 배변패드에 배변을 보게 되는 것이다. 또 다른 하나는 배변 유도제를 사용하여 배변을 유도하는 방법도 있다. 이 경우에는 배변패드를 교체하고 2회에서 3회 정도 배변판

에 뿌려주면 된다. 이후에 강아지가 식사하고 나서 30분 이내에 반응을 보이게
되면 그때 배변판 위로 옮겨주는 것이 좋다.

4.4 반려견 성견기 시절의 훈련 방법은?

강아지들이 2년이 지나면 성견이 된
다. 사실 성견이 된다는 것은 오랫동안
자기만의 방식으로 습관이 형성되어 있음
을 의미한다. 그렇기 때문에 다 큰 성견을
교육시킨다는 것은 너무나 어려운 일이
다. 하지만 일관성 있게 동일한 패턴의
교육을 통해 성견기의 강아지들도 충분히
올바른 배변훈련으로 이끌어 줄 수 있다.

간혹 나쁜 습관과 행동이 자리 잡은 강아지들이 있다. 이러한 경우는 일반 강아지
들보다 더 많은 시간을 훈련해야 한다. 성견 배변훈련은 보호자가 강아지를 통제할
수 있어야 한다. 간식을 주지 않고 앉아, 기다려, 엎드려 등 최소한의 기초 훈련으로
개와 사람의 위계질서가 형성되어야 한다. 또한 크레이트 훈련으로 켄넬에 들어가서
기다릴 수 있어야 한다.

사실 배변훈련은 타이밍과 일관성의 싸움이다. 강아지를 대할 때 일관성 있게
대해야 하며 배변을 보는 타이밍에는 정확하게 훈련을 해야 한다. 실내 배변의
경우는 배변 장소를 인지하는 것에 많은 신경을 써야 한다. 실외 배변의 경우는
동일한 시간과 장소에 배변할 수 있도록 일관성 있는 배변훈련을 진행해야 한다.

강아지 실외 배변훈련은 보호자가 일정한 시간에 맞추어 외출할 수 있어야 한다. 외부에 나가는 시간과 패턴이 일정해야 강아지가 혼란스러워 하지 않는다. 실외 배변훈련이 적응된 강아지는 실내에서 절대 배변을 실수하지 않는다. 보호자가 외부에 외출할 때까지 배변을 참고 기다린다. 그렇기 때문에 실외 배변훈련의 경우는 어린 강아지에게는 적합하지 않다. 어린 강아지는 실내 배변훈련으로 적응시키고 강아지가 5개월 이상 되었을 때 실외 배변훈련을 시키는 것이 좋다. 그러나 이 모든 훈련의 전제 조건은 보호자가 일정한 스케줄에 맞추어 행동할 수 있느냐에 달려있다. 보호자가 실외 배변훈련을 시켰는데 배변훈련 시간에 집에 오지 못하는 경우가 생기면 문제가 심각해진다. 이렇게 훈련된 경우에는 반려견이 보호자가 올 때까지 배변을 참고 있기 때문이다.

실내 배변훈련의 경우는 보통 생후 10주에서 16주 사이의 강아지를 교육시키는 것이 좋다. 모든 훈련에 맞는 방법은 보호자가 찾아야 한다. 왜냐하면 강아지의 특성이 견종마다 너무나 다르기 때문이다. 실내 배변훈련에서 가장

중요한 것은 공간의 분리를 통해 식사 공간과 잠자는 공간 그리고 배변하는 공간을 어떻게 인지하느냐에 따라 상황이 달라진다는 것이다. 요즘은 주거 공간이 주택의 환경에서 도심의 아파트나 다세대빌라에 사는 사람들이 점점 많아지고 있다. 또한 바쁜 일상으로 인해서 출퇴근이 일정한 사람들이 많다. 이러한 경우에는 실외 배변훈련을 고집하기보다는 실내 배변훈련에 초점을 맞추어야 한다.

4.7 반려견 배변훈련 시 꼭 주의해야 할 점은?

강아지 배변훈련을 할 때 주의해야 할 점은 강아지는 식사를 하고 나서 30분 이내에 소변이나 배변을 본다는 사실이다. 강아지가 생후 14주까지는 괄약근이나 내장 활동이 약하기 때문에 이상행동은 바로 나타난다. 이때 보호자는 즉시 배변패드로 이동하여 배변을 볼 수 있도록 도와야 한다.

사실 강아지에게 첫 배변훈련은 매우 어렵다. 그래서 패드에 적응시키기 위해서 보호자가 간식을 주며 보상해 주는 경우가 있다. 하지만 간식이라는 것이 많이 먹게 되면 탈이 나는 경우가 많기 때문에 간식을 지나치게 많이 주는 행동은 삼가야 한다.

보호자가 강아지 입장에서 바라보면 냄새와 촉감을 통해 배변을 보는 것을 알 수 있다. 그렇기 때문에 배변패드를 강아지가 완벽히 이해할 수 있을 때까지 반복훈련 해야 한다. 또한 배변한 이후에는 반드시 소변을 묻혀 새 패드와 함께 두어야 한다. 보호자가 강아지의 배변 시간과 이상 행동에 대한 기록을 노트에 기록하는 것이 좋다. 이 기록이 결국 올바르게 배변활동을 할 수 있도록 도울 수 있다. 강아지의 경우는 배변 행동에 대해서 일정한 패턴을 보이기 때문이다.

강아지가 배변훈련에서 실수한 경우에는 발바닥에 배변이나 오줌이 묻어 있는 경우가 많다. 이러한 경우에는 주변에 냄새를 묻히게 되고 이로 인해 배변 장소가 넓어지게 된다. 이러한 문제를 사전에 예방하기 위해서는 배변 훈련을 진행하는 강아지의 경우는 반

드시 발의 털을 청결하게 관리해 주어야 한다. 발의 털을 깨끗이 미용해야 하는 이유는 이러한 냄새가 옮겨가면 아무리 열심히 배변훈련을 가르쳐도 냄새로 인하여 배변훈련이 실패할 수밖에 없기 때문이다. 또한 배변 실수한 장소는 락스나 세제를 이용하여 냄새가 없도록 깨끗이 살균 청소해야 한다.

어린 강아지를 펫숍에서 입양해 온 경우 파보나 홍역의 질병을 가진 세균을 옮길 수 있다. 또한 장염이나 파보로 인한 바이러스는 대부분 배변을 통해 전파가 되므로 설사를 하거나 호흡기 질환을 보이는 경우에는 해당 배변 주변을 락스 등으로 깨끗이 청소해야 한다. 요즘은 탈취제에도 살균 소독까지 함께 되는 제품들이 많이 나온다. 이러한 제품들을 활용하여 냄새가 전혀 나지 않도록 잘 관리해 주어야 한다.

우리가 알고 있는 일반적인 향기 좋은 제품이 아닌 세척제와 락스로 바닥을 닦고 깨끗하게 건조시켜야 한다. 최근에는 냄새가 완벽하게 제거되는 다양한 제품들이 시중에 제공되고 있다. 이러한 제품들을 활용하면 냄새로 인한 실수는 최소화할 수 있다.

강아지 배변훈련 프로그램1 Case는 보호자가 집에 항상 있는 경우에 식사 급여 량을 하루 세 번 주는 경우에 대한 내용이다. 또한 3개월에서 6개월 사이 연령의 강아지들에게 적합한 훈련 방법이다.

프로그램1

구분	시작 시간	종료 시간	프로그램
아침	오전 07:00	오전 07:30	산책
	오전 07:30	오전 08:00	자유시간
	오전 08:00	오전 08:30	사료와 물
	오전 08:30	오전 09:00	배변훈련
	오전 09:00	오후 12:00	자유시간
오후	오후 12:00	오후 12:30	사료와 물
	오후 12:30	오후 13:00	배변훈련
	오후 13:00	오후 17:00	자유시간
	오후 17:30	오후 18:00	산책
저녁	오후 18:00	오후 18:30	사료와 물
	오후 18:30	오후 19:00	배변훈련
	오후 19:00	오후 21:00	자유시간
취침	오후 21:00	오전 07:00	취침

구분	상세 내용
케이스	보호자가 집에 항상 있는 경우
식사 급여	하루 세 번
연령	3개월에서 6개월 강아지

강아지 배변훈련 프로그램2 Case는 보호자가 하루 종일 일하는 경우에 식사 급여량을 하루 세 번 주는 경우에 대한 내용이다. 또한 3개월에서 6개월 사이 연령의 강아지들에게 적합한 훈련 방법이다.

프로그램2

구분	시작 시간	종료 시간	프로그램
아침	오전 07:00	오전 07:10	산책
	오전 07:10	오전 07:30	자유시간
	오전 07:30	오전 08:00	사료와 물
	오전 08:00	오전 08:30	배변훈련
	오전 08:30	오후 17:30	자유시간
오후	오후 17:30	오후 18:00	산책
저녁	오후 18:00	오후 18:30	사료와 물
	오후 18:30	오후 19:00	배변훈련
	오후 19:00	오후 21:00	자유시간
	오후 21:00	오후 21:30	사료와 물
	오후 21:30	오후 22:00	배변훈련
	오후 22:00	오전 07:00	취침
취침	오후 22:00	오전 07:00	취침

구분	상세 내용
케이스	보호자가 하루 종일 일하는 경우
식사 급여	하루 세 번
연령	3개월에서 6개월 강아지

강아지 배변훈련 프로그램3 Case는 보호자가 집에 항상 있는 경우에 식사 급여량을 하루 두 번 주는 경우에 대한 내용이다. 또한 6개월에서 12개월 사이 연령의 강아지들에게 적합한 훈련 방법이다.

프로그램3

구분	시작 시간	종료 시간	프로그램
아침	오전 07:00	오전 07:10	산책
	오전 07:10	오전 07:30	자유시간
	오전 07:30	오전 08:00	사료와 물
	오전 08:00	오전 08:30	배변훈련
	오전 08:30	오후 12:00	자유시간
오후	오후 12:00	오후 12:30	물
	오후 12:30	오후 13:00	배변훈련
	오후 13:00	오후 17:00	자유시간
	오후 17:30	오후 18:00	산책
저녁	오후 18:00	오후 18:30	사료와 물
	오후 18:30	오후 19:00	배변훈련
	오후 19:00	오후 20:30	자유시간
취침	오후 20:30	오전 07:00	취침

구분	상세 내용
케이스	보호자가 집에 항상 있는 경우
식사 급여	하루 두 번
연령	6개월에서 12개월 강아지

강아지 배변훈련 프로그램4 Case는 보호자가 하루 종일 일하는 경우에 식사 급여량을 하루 두 번 주는 경우에 대한 내용이다. 또한 6개월에서 12개월 사이 연령의 강아지들에게 적합한 훈련 방법이다.

<u>프로그램4</u>

구분	시작 시간	종료 시간	프로그램
아침	오전 07:00	오전 07:10	산책
	오전 07:10	오전 07:30	자유시간
	오전 07:30	오전 08:00	사료와 물
	오전 08:00	오전 08:30	배변훈련
	오전 08:30	오후 12:00	자유시간
오후	오후 12:00	오후 12:30	물
	오후 12:30	오후 13:00	배변훈련
	오후 13:00	오후 17:00	자유시간
	오후 17:30	오후 18:00	사료와 물
저녁	오후 18:00	오후 20:30	자유시간
취침	오후 20:30	오전 07:00	취침

구분	상세 내용
케이스	보호자가 하루 종일 일하는 경우
식사 급여	하루 두 번
연령	6개월에서 12개월 강아지

강아지 배변훈련 프로그램5 Case는 보호자가 하루 종일 일하는 경우에 식사 급여량을 하루 한 번 주는 경우에 대한 내용이다. 또한 성견(24개월 이상) 연령의 강아지들에게 적합한 훈련 방법이다.

프로그램5

구분	시작 시간	종료 시간	프로그램
아침	오전 07:00	오전 07:10	산책
	오전 07:10	오전 07:30	자유시간
	오전 07:30	오전 08:00	사료와 물
	오전 08:00	오전 08:30	배변훈련
	오전 08:30	오후 17:30	자유시간
저녁	오후 17:30	오후 18:00	산책
	오후 18:00	오후 18:30	물
	오후 18:00	오후 20:30	자유시간
취침	오후 20:30	오전 07:00	취침

구분	상세 내용
케이스	보호자가 하루 종일 일하는 경우
식사 급여	하루 한 번
연령	성견(24개월 이상)

강아지 배변훈련 프로그램6 Case는 보호자가 집에 항상 있는 경우 식사 급여량을 하루 한 번 주는 경우에 대한 내용이다. 또한 성견(24개월 이상) 연령의 강아지들에게 적합한 훈련 방법이다.

프로그램6

구분	시작 시간	종료 시간	프로그램
아침	오전 07:00	오전 07:10	산책
	오전 07:10	오전 07:30	자유시간
	오전 07:30	오전 08:00	사료와 물
	오전 08:00	오전 08:30	배변훈련
	오전 08:30	오후 12:00	자유시간
오후	오후 12:00	오후 12:30	물
	오후 12:30	오후 17:00	자유시간
	오후 17:00	오후 17:30	산책
저녁	오후 17:30	오후 18:00	사료와 물
	오후 18:00	오후 18:30	배변훈련
	오후 18:30	오후 21:00	자유시간
취침	오후 21:00	오전 07:00	취침

구분	상세 내용
케이스	보호자가 집에 항상 있는 경우
식사 급여	하루 두 번
연령	성견(24개월 이상)

강아지 배변훈련에서 가장 중요한 것은 규칙적인 식사 일정이다. 강아지가 올바른 식습관과 정해진 시간에 규칙적으로 식사를 하게 되는 것은 정말 중요하다. 올바른 강아지 식사 습관을 위해서 보호자는 반드시 간식이나 먹다 남은 음식을 강아지에게 제공해서는 안 된다. 보호자가 귀엽고 예쁘다고

먹을 것을 자주 바꿔주게 되면 위장 장애나 설사를 일으키는 경우가 많다. 그렇기 때문에 강아지 배변훈련 기간에는 사료 외에는 절대 급여하지 않는 것이 현명한 방법이다. 강아지를 위해서라도 배변훈련 기간에는 간식 등을 급여해서는 안 된다.

연령	사료 급여 횟수	제공시간
생후 1개월~생후 3개월	4	아침, 점심, 저녁, 취침 전
생후 3개월~생후 6개월	3	아침, 점심, 저녁
생후 6개월~생후 12개월	2	아침, 늦은 오후 또는 이른 저녁
생후 12개월~생후 24개월 이상	1	아침(상황에 따라서는 두 번 급여 필요)

강아지에게 제일 중요한 것은 물이다. 강아지에게 물은 몸 전체에 영양분을 전달하는 역할을 한다. 강아지는 적절한 타이밍에 물을 마셔야 정상적인 체온을 유지하고 몸의 노폐물을 밖으로 배출할 수 있다. 위의 강아지 배변 프로그램에서도 물을 갈아주고 깨끗한 물을 먹이도록
하는 것은 강아지에게 있어서 물은 정말 중요하기 때문이다. 강아지에게 물을 급여 시에는 반드시 물그릇을 15분에서 20분 정도 놓아두고 20분 후에는 바로 치워야 한다.

첫 번째, 배변판이나 배변 장소가 지저분할 경우에 배변 실수를 한다.

강아지들은 대부분 청결에 민감하다. 배변을 보게 된다면 즉시 치워주는 습관이 필요하다.

두 번째, 강아지들은 스트레스를 받을 경우에 배변 실수를 한다.

강아지가 분리불안 증세를 보이거나 다견 가정의 경우에는 서로 강아지들끼리 주는 스트레스로 인해서 배변 실수를 하는 사례가 많다. 이러한 경우에는 다견에 대해서 정해진 규칙과 반복된 훈련으로 다견을 이해시키지 못하면 배변 실수로 많이 힘든 생활을 하게 된다.

세 번째, 강아지는 질병이 있을 경우에 배변 실수를 한다.

강아지에게 방광염이나 요도 결석 같은 질병이 있는 경우나 급성 신부전증이 오는 경우에도 배변 실수를 한다. 평소 강아지들의 질병을 사전에 체크하여 강아지의 문제점을 사전에 진단할 수 있어야 한다.

네 번째, 강아지가 노견이 된 경우에 배변 실수를 한다.

강아지가 노견이 되면 괄약근이나 몸의 기능이 원활하지 않다. 이로 인해 몸의 장 기능이나 신체 기능이 떨어지게 된다. 그러므로 노견의 경우에는 배변 실수를 그대로 인정하고 기저귀를 채워서 생활하게 하는 것도 하나의 방법이다.

05

미성견 훈련 클래스

"

　강아지가 입양되는 시기인 2개월에서부터 3개월 사이에 정말 필요한 훈련과 교육이 있다. 당신은 반려견을 입양하여 적절한 시기에 필요한 훈련과 교육을 전하고 있는가? 이 질문에 답을 할 수 있는 보호자는 많이 없을 것이다. 필자도 강아지를 처음 입양했을 때는 강아지에 대해서 전혀 알지 못했다. 한 생명의 가족이 되기 위해서는 함께 살아가는 환경에서 필요한 훈련들이 있다. 정말 필요한 시기에 적절한 훈련을 하지 못하면 2년이라는 시간이 되어 성견이 된 반려견을 통제하지 못한다. 통제하지 못하게 되면 문제행동을 일으키고 그 문제가 점점 더 심각해지면 파양하게 되는 것이다. 보호자가 준비되어 있지 않아서 필요한 시기에 적절한 훈련이나 교육을 하지 못하면 이는 사회적인 문제로 발전할 수 있다.

　유기견으로 버려지는 대부분의 강아지들은 이런 인간의 이기심으로 제대로 된 교육과 훈련을 시키지 않았기 때문이다. 이 글을 읽는 보호자라면 사랑하는 반려견과 함께 하기 위하여 어떤 것이 필요한지를 심각하게 고민해 보았으면 한다.

"

휴식 장소 알려주기

강아지를 입양한 뒤에 가장 먼저 해야 할 일은 바로 '휴식 장소 알려주기'다. 강아지가 휴식하는 장소를 제대로 정하지 못하면 배변을 잘 가릴 확률이 낮다. 반려견은 기본적으로 쉬는 곳과 배변 볼 장소를 확실히 구분하는 능력이 있기 때문에 장소의 명확성을 초기에 교육해야 한다. 또한 휴식하는 곳에 대한 명확성이 빠를수록 배변훈련이 더 쉽게 될 확률이 높다. 강아지가 낯선 공간에서 빠르게 적응을 해야 스트레스도 덜 받게 된다. 강아지 입양 후에 일어나는 스트레스는 질병으로 이어질 수 있고 면역력 저하로 인해 잠복기에 있는 질병을 발병하게 할 수 있으므로 스트레스는 반드시 최소화 하는 노력을 해야 한다. 또한 강아지가 휴식 공간을 이해함으로써 새벽에 강아지 하울링 문제와 같은 행동을 사전에 방지할 수 있다.

강아지 휴식 장소는 보호자의 행동언어를 통해 직접 보여주며 가르쳐야 한다. 보호자가 강아지를 위해 휴식할 장소를 정하고 그곳에서 같이 앉으면서 하품도 하고 기지개도 펴는 행동을 하는 것이 좋다. 또한 강아지에게 사료도 조금씩 주면서 안정감을 주는 것이 강아지에게 휴식 장소임을 인지하는 데 효과가 있다.

Q : 보호자가 왜 같이 휴식 장소에서 쉬어야 하나?

A : 보호자는 강아지가 보호자의 행동을 따라한다는 사실을 인지해야 한다. 예를 들어, 보호자가 소파나 TV 앞에서 누워 있을 경우 반려견도 같이 누워있는 광경을 보게 된다. 사실 이러한 행동은 강아지가 보호자의 행동을 따라하는 것이다. 이러한 상황에서 강아지는 보호자의 냄새를 맡고 안정감을 느낀다. 그렇기 때문에 강아지의 휴식 장소에서 보호자가 함께 있으면서 행동하는 것은 강아지가 적응하는 것에 정말 큰 도움이 된다.

강아지에게 대, 소변 장소를 교육하는 것은 정말 중요하다. 강아지는 기본적으로 배변을 가리는 습성을 가지고 있다. 그리고 강아지는 발바닥으로 느끼는 촉감에 민감하다. 이 촉감이 대, 소변을 가리는 데 가장 중요한 역할을 한다. 많은 사람들이 강아지 발바닥에서 느끼는 촉감에 대해서는 잘 모르고 있다. 또한 배변훈련 실패의 많은 원인 중에 하나가 발바닥의 털이 너무 길어서 대, 소변이 묻어 냄새가 번지는 것 때문이라는 것을 잘 모르고 있다. 강아지를 키운다면 발의 감촉이 중요하기 때문에 주 1회 정도는 발밑의 털을 손질해 주는 것이 좋다.

강아지 입장에서 대, 소변 훈련을 시키기 위해서는 휴식 장소와 식사 장소 이외에는 집안 구석구석 배변패드를 깔아 놓아야 한다. 그리고 패드의 촉감을 알려주는 것도 무척 중요하다. 강아지에게 어떻게 좋은 기억을 만들어 줄 것인가를 고민해야 한다. 강아지 패드 위치를 강아지에게 인지시키는 가장 빠른 방법은 간식 또는 사료를 이용하여 패드로 유도하는 것이다.

이때 가장 중요한 것은 강아지 패드 바닥에 사료를 떨어뜨려 주는 게 아닌 입으로 직접 주는 게 훨씬 좋다. 강아지가 먹는 장소 인식이 아닌 패드에 대한 적응만 도우려 하기 때문에 직접 손을 통해 강아지 입으로 간식을 주어야 한다.

강아지의 배변을 가리는 핵심은 대부분은 발바닥 촉감에서부터 시작된다는 사실을 인지하고 있어야 한다. 강아지가 배변 장소에 대해서 편하고 안정적으로 느껴야 한다. 강아지는 발바닥 촉감으로 안정감, 편안함을 느낄 수 있어야 한다. 그렇게 하기 위해서 여러 공간에 패드를 깔아 두어야 한다. 필자의 경우 반려견을 대상으로 교육 시에 최대 15장까지 깔아 놓았던 경험도 있다.

그리고 보호자에게 꼭 하고 싶은 말이 있다. 강아지 배변 실수에 대해서 너무 민감하게 반응하지 마라. 강아지 배변 실수를 너그럽게 이해해야 한다. 사람의 경우도 8주에서 9주면 배변을 못 가린다. 책에서도 언급한 것처럼 14주까지는 강아지의 괄약근이 약하다는 사실을 잊어서는 안 된다.
보호자는 강아지가 패드에 올라가는 것에 익숙해지도록 도와야 한다. 그리고 편안한 마음으로 이곳저곳을 다니면서 대, 소변을 볼 수 있도록 유도해야 한다. 강아지가 배변훈련에 성공했다면 칭찬을 아끼지 말아야 하며, 실수했다면 인내심을 가지고 기다려야 한다. 그리고 배변 실수를 하게 된 경우는 노즈워크나 공놀이를 통하여 시선을 돌리고 빠르게 패드를 치워 주는 것이 좋다.

5.3 미성견이 혼자 집에 있을 수 있게 하는 훈련 방법은?

강아지 입양 후 혼자 무작정 두면 반려견은 공포와 두려움을 느낄 수 있다. 시간적 여유가 된다면 적어도 1~2주는 같이 생활하는 것이 좋다. 이와 같은 생활의 여유가 없는 환경에서는 강아지에게 독립적 노즈워크 놀이를 만들어야 한다. 반려견이 집 공간에 대한 적응이 완전히 된 후에 보호자는 강아지의 독립된 시간을 늘려야 한다.

대부분의 강아지 분리불안 증세가 나타나는 강아지들은 유전적인 요인과 생활환경의 갑작스런 변경으로 인하여 분리불안이 발생하는 경우가 많다.

 이러한 문제를 해결하기 위해서 강아지에게 행주에 사료를 한두 알 숨겨서 찾아서 먹는 놀이를 하는 동안 화장실 다녀오기, 쓰레기 버리러 다녀오기, 마트 갔다 오기, 점심 먹고 오기 등을 진행해 봐야 한다. 이러한 행동에 강아지가 잘 적응하면 회사 갔다가 오는 등으로 강아지와의 분리되는 거리를 점진적으로 늘려주는 것이 방법이다.

요즘 온라인 영상매체를 보고 보호자들이 바로 따라서 강아지 훈련을 진행해도 잘 안 되는 이유는 강아지의 환경과 여건에 맞는 훈련을 하지 않기 때문이다. 모든 강아지에 대한 훈련은 Case별로 다르다는 것을 보호자는 인지해야 한다. 매순간 상황이라는 것이 있다. 적절한 상황에서 정확한 판단과 실천을 하는 것은 많은 경험과 지식적인 준비가 필요한 것이다.

여러분의 강아지가 지금 덧셈을 배워야 할 시기라고 생각해 보자. 어느 날 갑자기 보호자가 수학에서 가장 어려운 미적분을 가르치려 한다면 강아지는 이해를 할 수 있을까? 강아지 분리불안은 점진적으로 보호자와의 거리를 늘려야 한다. 너무 빠른 진행은 강아지에게 힘이 들고 오히려 분리불안 증세가 점점 더 심각해질 수 있다.

어린 강아지를 입양한 경우에는 모견과 너무 일찍 떨어졌기 때문에 물과 사료를 충분히 급여하지 못하게 되면 저혈당 쇼크가 올 수 있다. 요즘은 펫 카메라가 IOT서비스로 제공되고 있으니 가정에 CCTV 형태로 설치하여 활용하는 것이 좋다. 또한 강아지의 공간을 인지시켜주고 안정감을 느끼게 하기 위해서는 활동 범위를 점점 줄여가는 것이 좋다. 울타리를 넓게 했다가 점점 활동 반경을 줄이는 것이 좋다. 강아지는 너무 넓은 공간보다는 적당한 넓이의 공간에서 더 많은 안정감을 느낀다. 강아지 연령에 맞추어 너무 작은 공간만 아니면 된다.

어린 강아지가 사회화 시기에 다양한 환경과 경험을 해야 하는 기간은 3주에서 16주 정도 된다. 때에 따라서는 사회화 훈련을 19주에서 20주까지도 해야 하는 경우도 있다. 이 수치는 견종이나 처해진 환경에 따라 달라질 수 있다. 강아지가 사회화 시기를 보내며 다양한  자극을 받으면, 성장하면서 이상반응이나 잘못된 행동을 보이지 않는다.

어린 강아지 시절에 경험해야 하는 다양한 자극인 반려견, 물건, 소리 등을 인지하지 못하면 새로운 자극에 두려움과 공포를 느끼게 된다. 보통 어린 강아지에게 다양한 경험을 제공해야 하는 이유는 이러한 어려움을 사전에 경험하게 하기 위해서이다. 이를 통해 외부 자극에 잘 견디어 내는 반려견으로 성장하게 되는 것이다. 만약 적절한 시기에 사회화가 되지 못하면 외부 자극으로부터 오는 스트레스를 견디지 못하고 정신적으로 매우 힘들어하는 반려견을 보게 된다. 평균적으로 10년 이상 보호자와 함께 살아가는 반려견과 행복한 삶을 영위하기 위해서는 사회화 훈련은 반드시 필요하다.

111

소리 사회화는 우선 반려견의 앉거나 엎드리는 상태를 만든 후에 소리를 내어 반려견이 가장 안정적으로 들을 수 있는지 확인한다. 소리의 방향은 아래에서 천천히 위로 향하는 순서로 들려주면 된다. 사실 반려견은 소리가 높은 것에 굉장히 민감하다. 하지만 도심지에서 사람들과 함께 생활하기 위해서는 이러한 어려움을 감수하면서 살아가야 한다.

강아지는 소리가 자신의 체고보다 높은 곳에서 나면 무서워한다. 예를 들어 강아지 앞에 물건이 떨어지거나 천둥소리가 나는 것은 사람이 느끼기에도 다른 자극이다. 일반적인 소리인 소파 앉는 소리, 장난감 소리, 문, 현관, 가스레인지, 청소기, 벨소리 등 다양한 소리를 강아지에게 들려주어야 한다. 이때 강아지를 데리고 앉아 명령하거나 기다리는 행동을 시키면서 교육시키는 것이 좋다. 소리를 들려줄 때는 좋은 소리부터 시작하여 안 좋은 소리로 천천히 교육을 진행해야 한다. 강아지가 가장 안정감을 느낀 상태에서 소리를 들려줄 수 있도록 해야 한다.

반려견 분리불안 증세는 보호자가 강아지에게 정해진 규칙과 패턴 없이 많은 애정을 쏟는 경우에 발생한다. 보호자가 적절한 시기에 알려 주어야 할 기본적인 교육도 없이 모든 행동을 귀여워하고 아끼는 행동은 많은 문제를 일으킨다. 보호자가 너무 반려견을 감싸고만 돌 경우에 반려견은 보호자가 사라지거나 안 보이게 되면 불안해하는 증상을 보이게 된다.

어린 강아지 시절에 분리불안은 적절한 놀이와 교육을 받지 않은 것으로부터 시작된다. 항상 보호자가 옆에서 따라다니는 반려견을 감싸기만 하고 제대로 된 습관이나 행동을 알려주지 않아서 발생하고 있다. 더 심각한 것은 보호자들이 기본 소양이나 지식이 없기 때문에 무엇을 알려주어야 될지를 모른다는 사실이다. 반려견 사화화가 제대로 이루어지지 않으면 반려견은 보호자에게 집착하게 되므로 보호자와 분리되는 순간이 굉장히 두렵고 무서운 상황이 되는 것이다.

반려견은 보호자와 멀어지면 자연스럽게 불안해진다. 그렇기 때문에 반드시 사회화 교육은 필요하다. 반려견의 분리불안은 보호자가 현관을 나갔을 때부터가 아닌 얼굴이 멀어지면서부터 시작됨을 알아야 한다. 반려견으로부터 보호자의  얼굴이 멀어지게 되면 반려견은 항상 불안해하고 졸졸 따라 다니는 행동을 하게 된다. 이러한 부분들이 심화되면 경우에 따라 보호자의 움직임에 너무도 흥분한 나머지 발을 무는 행동을 한다.

보호자는 반려견에게서 얼굴이 멀어지는 분리 사회화 연습을 수시로 해 주어야 한다. 또한 어떻게 하면 사랑하는 반려견에게 좋은 기억을 만들어 줄 것인가를 항상 고민해야 한다. 보호자는 반려견이 앉은 자세를 유지하도록 한 뒤 손에 간식을 끼워 그 상태에서 일어났다 앉았다를 반복한다. 이후에 뒤로 한걸음 두걸음 걸어가서 문으로 들어갔다 나오기를 반복한다. 또한 현관으로 나갔다가 들어왔다를 반복한다. 이러한 행동을 계속해서 반복해야 한다. 그리고 항상 집 안에서도 어디를 가든지 반려견에게 손을 보여주면서 이동하는 연습을 한다. 최대한 반려견이 안정을 취할 수 있는 방향으로 움직임을 지속해야 한다.

5.7　미성견의 행동 사회화 훈련 방법은?

반려견 행동 사회화는 다양한 사람들과의 접촉이 가능한 경험을 가지게 하는 것이다. 보통 손님이 앉았다가 일어날 때 반려견이 짖거나 집안의 특정 인물에 대해서 짖는 경우가 있다. 이는 반려견의 짖음이 경고를 의미하는 것이다.

강아지들이 보통 실내에서 길러지면서 이 의미는 경고의 의미보다는 진정하라는 의미로 해석해야 한다. 항상 강아지들은 주변의 사람들을 경계하다가 다른 사람의 움직임을 보게 되면 그런 상황을 스스로 제한하고 싶어 한다. 이럴 때 다양한 행동에 대한 경험을 하게 되는 것이다. 상황이 발생하면 보호자는 강아지가 스트레스를 받지 않도록 수신호와 함께 올바른 교육을 진행해야 한다. 강아지에게 과격하게 대하거나 과한 행동을 하여 놀라거나 긴장하지 않도록 적응 훈련을 시키는 것이 가장 중요하다. 반려견이 행동 사회화를 할 수 있도록 보호자는 하품을 통한 카밍시그널을 보여 준다. 다른 사람들과 있을 때 여러 번 하품을 하여 긴장상황이 아니라는 것을 알려준다. 또한 반려견의 긴장하는 긴장감을 줄이기 위해서 기본 훈련인 앉아,

기다려 훈련을 통해 강아지의 흥분도와 긴장을 최소화 하도록 훈련한다. 강아지가 긴장할 때는 절대 보상하지 말고 긴장감을 낮춘 후에 "괜찮아"하며 강아지를 칭찬하는 행동을 실시한다.

반려견 타 동물 사회화 훈련 시기는 입양 후에 평균적으로 3주에서 19주 정도 실시한다. 사회화를 위한 동물은 강아지, 고양이, 새, 벌레 등 다양한 동물과 마주하게 하는 것이 좋다. 이 시기에는 장난감 모형으로 사회화를 진행한다. 또한 강아지 모형, 새 모형, 고양이 모형으로 주변 환경에서 앉거나 엎드릴 수 있는 행동을 반복한다. 이렇게 하는 이유는 타 동물에 대해서 흥분도와 민감한 감정을 최소화 할 수 있도록 훈련하는 것이다.

반려견 터치 사회화는 반려견의 미용 위생관리 혹은 몸을 만지거나 산책줄을 할 때 상당히 필요한 교육이다. 가끔 피부병이나 뼈 관절 건강상이 생긴 반려견의 경우는 터치를 하려고 하면 공격성을 보이는 경우가 있다. 이와 같은 상황에서는 보호자가 터치 사회화 훈련을 두렵고 힘들어서 하지 못한다.

만약 보호자가 사전에 터치 사회화 훈련을 진행하여 강아지에게 이러한 상황을 인지시켰다면 절대 강아지는 공격 성향을 보이지 않는다. 사실 터치 사회화는 털끝에서부터 시작된다. 강아지의 털끝에서부터 터치해서 강아지에게 간식을 주거나 일정한 톤으로 칭찬해 주는 것은 매우 중요하다. 강아지를 대하는 터치 강도는 점진적으로 높이는 것이 좋으며 손이나 브러쉬를 활용하여 하루에 1번은 빗질을 해 주는 것도 좋다. 또한 몸의 구석구석을 터치하면서 강아지를 칭찬해 주는 것은 터치에 대한 민감도와 예민한 감정을 최소화하는 효과가 있다. 이렇게 적응하게 되는 강아지는 삶에서 매우 안정감을 느끼기 때문에 수명이 연장되고 행복한 반려 생활을 할 수 있게 된다.

반려견 클리커 훈련은 도구인 '클리커'를 사용하여 딸각 소리 내어 보상하는 훈련법이다. 이 훈련은 딸각 소리와 함께 강아지에게 좋은 행동을 유도하는 것이 목적이다. 사실 클리커는 파블로프의 조건 반사 실험의 원리를 적용한 도구다. 이 실험은 강아지에게 사료를 주면서 종을 치게 되면 '조건 반사'의 원리로 침을 흘린다. 강아지가 종소리에 반응한다는 사실을 입증한 실험이다.

즉, 강아지가 클리커 소리를 듣게 되면 간식이나 보상이 나온다는 조건 반사의 원리를 적용한 것이다. 클리커의 장점은 칭찬의 타이밍에 빠른 보상을 해 줄 수 있다는 것이다. 또한 좋은 기억을 가지게 된 강아지가 보상을 통해 원하는 행동을 재빠르게 진행한다는 장점이 있다.

클리커의 단점은 긍정훈련과 보상에만 사용해야 한다는 사실이다. 클리커를 문제 상황이나 잘못된 행동에 사용하게 되면 강아지는 매우 큰 혼란에 빠질 수 있다.

06

성견 훈련 클래스

"

강아지를 키우면서 점진적으로 성장하는 강아지의 모습을 보게 된다. 어린 강아지 시절에 보호자가 사회화 훈련을 잘 시키지 못하면 사회에서 함께 생활하기에 많은 어려움이 따른다. 그렇기 때문에 강아지를 키우면서 보호자가 필요한 시기에 적절한 훈련을 시켜야 하는 것은 보호자의 책임과 의무다. 우리는 어린 강아지를 잘 성장시키기 위해 훈련적으로 많은 노력을 해야 한다. 시간이 많이 지나 강아지에서 성견이 된 이후에는 훈련을 보다 강도 높게 진행해야 한다. 사람들과 함께 생활하는 반려견에게 보호자는 꼭 필요한 것들을 알려주어야 한다. 성견 훈련은 보호자와 함께 삶을 함께 하기 위한 예절이며 최소한의 필요한 기본 소양이라는 사실을 잊지 않았으면 한다.

"

강아지를 키우면서 가장 걱정하는 문제가 바로 분리불안이다. 보호자가 강아지와 분리되는 순간에 사랑하는 반려동물이 불안에 떨고 두려워하는 것을 보게 된다. 많은 경험으로 비추어 볼 때, 분리불안의 원인은 대부분 보호자의 지나친 사랑으로부터 시작된다. 규칙도 없고 기준도 없이 귀엽고 예쁘다고 생각하여 옳고 그름을 판단하지 않는 것이 문제다. 건강한 에너지는 건강한 강아지를 만들지만 잘못된 에너지는 불균형하고 건강하지 못한 강아지를 만들게 된다.

강아지들에게 좋은 기억을 만들어 주기 위해서 우리는 어떤 것을 하고 있을까? 보호자가 떠나도 다시 돌아온다는 것을 강아지가 인지하면 절대 불안해하지 않는다.

분리불안을 겪게 되는 대부분의 강아지들은 보호자가 주는 맹목적인 사랑 때문에 집착하는 마음이 형성된 경우가 많다. 사랑하는 방법도 사랑하는 사람에 대해서 제대로 알고 무엇을 좋아하는지를 고민해야 하는 것이다. 강아지도 이러한 관점으로 어떻게 사랑하고 어떻게 이해시켜 줄 수 있을지를 고민해야 한다.

분리불안을 없애기 위해서는 점진적으로 보호자가 다시 돌아올 수 있다는 행동을 심어주는 것과 수신호를 통해 말없이 행동으로 표현하는 방법이 있다. 보호자가 손을 활짝 펴서 한손으로만 신호를 주고 안정감 있게 나간다거나 안정된 음성으로 손과 함께 다녀올게라고 표현하면 나가는 것이다. 이후, 다시 집으로 돌아와서 바로 강아지를 대하는 것이 아니라 보호자를 본 강아지의 흥분이 가라앉고 침착해지게 되면 반가운 감정에 대한 반응을 해야 한다. 강아지에 대한 교육은 언제나 인내와 기다림의 연속이라는 사실을 잊지 않았으면 한다.

6.2 성견의 크레이트 훈련 방법은?

사람들에게 일반적으로 알려진 크레이트 훈련 방법이 바로 켄넬 훈련 방법이다. 우리가 알고 있는 집은 강아지가 자유롭게 생활할 수 있는 공간을 의미한다. 켄넬은 이동 시에 사용하는 이동장이다. 보호자가 문을 닫고 어디든지 이용할 때 사용하는 공간을 의미한다. 보통 켄넬은 대중교통이나 보호자가 일상생활에서 교육을 시킬 때 사용한다.

켄넬의 사이즈는 반려견이 눕고 앉아 있을 때 불편함이 없는 사이즈가 좋다. 처음 켄넬을 구입한 경우에는 강아지가 그 공간에서 적응할 수 있도록 담요를 비치한다. 그리고 간식을 켄넬 안으로 던져 주어 강아지가 켄넬에 들어가면 좋은 일이 일어난다는 것을 알려 주어야 한다. 이때 강아지가 밖으로 나오려고 한다면 자연스럽게 나오도록 해야 한다.

켄넬이 필요한 목적은 보호자가 없을 때 불안감을 최소화 하기 위해서 기다려 교육을 하기 위함이다. 또한 외부의 소리에 반응이 일어날 때 켄넬에서 기다려 훈련을 시킴으로써 소란을 피우는 행동을 멈추고 기다리는 효과를 가져올 수 있다. 켄넬이라는 공간 자체가 강아지에게 안정적이고 편안한 느낌을 줄 수 있도록 보호자는 교육해야 한다. 가장 좋은 교육은 자연스럽게 행동을 이루어지도록 하는 것이다. 보호자가 인내하면서 천천히 교육을 하다 보면 이러한 자연스러움과 반복훈련이 큰 성과로 다가올 것이다.

우리가 일상생활을 하면서 외출을 할 때에도 나가기 전에 간식을 담요에 숨기거나 물건을 감추어 강아지가 찾도록 하는 방법이 있다. 그리고 켄넬 안에 간식이나 장난감을 숨겨두어 그것을 찾는 재미를 느끼게 할 수 있다. 강아지가 심하게 짖게 되는 상황인 택배가 오거나 초인종을 누르는 경우에 외부의 소리를 감지하자마자 바로 보호자가 반응하면 안 된다. 소리가 일어나면 즉시 반려견을 켄넬로 이동할 수 있도록 "하우스"라고 명령한다. 이후에 "기다려"하고 기다리게 한 후에 보호자는 택배나 외부의 손님을 맞이한다. 이러한 훈련은 아주 사소한 훈련 방법이다. 그러나 우리가 일상생활에서 주변 사람들과 함께 사회 구성원으로 살아가는 것에는 너무나 중요한 부분이다. 강아지를 정말 사랑하는 보호자라면 크레이트 훈련을 통해 강아지가 올바른 예절을 가지도록 항상 노력해야 한다.

6.3 성견의 배변훈련 방법은?

강아지가 성견이 된 후에 배변훈련을 잘 하지 못한다면 보호자는 깊은 근심에 빠지게 된다. 이러한 상황에서는 환경적인 요소를 곰곰이 살펴보아야 한다. 이때 가장 중요한 부분은 식사 장소와 휴식 장소 그리고 배변 장소가 확실히 분리되어 있는지를 체크하는 것이다. 모든 강아지들은 공간에 대한 분리가 명확하다. 보호자

가 어린 강아지를 키우면서 공간에 대한 분리를 명확하게 알려주지 않게 되면 공간에 대한 인지력이 떨어진다. 이렇게 되면 카펫이나 매트에 함부로 대소변을 보게 된다. 성견 배변훈련의 실패 원인은 대부분 환경에 대한 분석을 통해 공간 분리를 하지 못해서 생긴 문제들이다. 이러한 경우에는 강아지의 패턴과 행동을 유심히 관찰하고 7일 정도의 기간의 내용을 기록한다. 그리고 자신의 주거 환경과 상황을 A4 용지나 메모장에 그려 놓고 분석해 보면 무엇이 잘못되었는지를 알 수 있다. 만약 이렇게 고민하고 노력했지만 원인을 찾지 못한다면 전문가의 도움을 받아야 한다. 이와 같이 노력한 상황이라면 네이버의 필자 채널로 문의해도 좋다.

6.4 성견의 스트레스 해소 방법은?

반려견들에게 생기는 대부분의 스트레스는 생활 습관으로부터 시작된다. 보호자는 강아지와 산책을 하루에 1번은 실시해야 강아지가 가진 에너지를 소비할 수 있다. 충분한 에너지 소비를 하지 않게 되면 강아지가 이상행동을 보일 확률이 높아진다.

강아지의 심리적 원인과 본능을 보호자는 잘 이해해야 한다. 보호자의 집안 환경의 소파나 벽지 등을 손상하거나 쓰레기통을 뒤지는 등의 문제가 발생하는 것은 분리불안이 원인인 경우가 많다. 이러한 상황에서는 보호자가 무조건 반려견에게 화를 내기보다는 문제의 원인을 해결하기 위해 전문가의 도움을 받아야 한다.

즉, 반려견 스트레스는 에너지 소비와 밀접한 관련이 있으므로 평소 산책이나 운동을 실시해서 스트레스를 최소화 할 수 있도록 해야 한다.

짖음 교육 훈련

강아지가 짖는 행동은 이유가 있다. 강아지는 보통 불안하고 긴장된 상황에서 내 영역을 지키기 위해 짖는 행동을 한다. 이러한 행동은 본능적으로 반응하는 행동이다. 평소 보호자가 강아지에게 리더로 관계가 형성된 경우에는 돌발 상황에 짖음을 멈출 수 있다. 강아지에게 어떻게 인식되고 관

계가 형성되느냐에 따라서 강아지 짖음의 형태는 달라질 수 있다.

산책 시 짖음 교육 훈련

산책 시 다른 강아지를 보고 짖거나 으르렁거리면서 싸우려고 짖는 상황이 발생할 수 있다. 이러한 상황에서 보호자는 반려견이 짖는 것에 대해서 긴장하지 않아야 한다. 보호자가 긴장하게 되는 상황을 강아지는 빨리 인지한다. 보호자가 불안하다는 것은 강아지에게 심리적인 불

안감을 증폭시킬 수 있다. 보호자는 긴장감과 불안감을 가진 상태에서 강아지를 안거나 감싸지 않아야 한다. 마음을 차분히 가라앉히고 편안한 자세로 반려견을 한 손으로 안아야 한다. 그리고 외부의 사람들과 가볍게 인사를 해야 한다. 이렇게

하는 이유는 강아지들이 부딪히는 상황이 자연스러운 과정이며 천천히 익숙해지게 하기 위함이다. 산책 시에 만나는 반려견과는 카밍시그널을 통해 서로의 존재를 확인하며 천천히 다른 반려견들과 친해질 수 있도록 보호자는 교육시켜야 한다.

외부소리 짖음 교육 훈련

반려견이 집에서 외부소리에 짖는 것은 당연한 것이다. 보호자와 함께 있을 때 자신의 영역을 지키려고 하는 것은 개의 본능이다. 하지만 도심 속에 살거나 주거 환경이 많은 사람들과 함께 거주하는 환경이라면 짖음의 문제로 불미스러운 일이 발생할 수 있다. 그렇기 때문에 보호자는 반려견의 외부소리에 대한 짖음을 통제할 수 있도록 규칙을 만들어 교육해야 한다.

반려견의 짖음 훈련에서 보호자는 과도한 칭찬과 흥분으로 강아지를 대하면 안 된다. 보호자의 규칙과 일관성 없는 행동은 반려견에게 불안한 에너지를 주게 된다. 올바른 교육을 보호자가 진행한다면 반려견은 스스로 주어진 상황에 대한 판단력이 생길 것이다. 그러므로 반려견을 이해하려면 본능적인 부분에 대해서 정확히 알고 교육을 진행해야 한다.

요구성 짖음 교육 훈련

요구성 짖음은 아주 간단하다. 요구를 들어주지 않으면 된다. 무시하거나 강한 에너지로 짖음을 하는 행동이 잘못됐다는 걸 스스로 깨닫게 해 주어야 한다. 반려견의 짖음과 불안한 행동 심리를 확인해야 한다. 반려견의 짖음에 보호자의 불안한 행동과 심리 그리

고 들어주려는 자세는 오히려 요구성 짖음을 심각하게 강화시킬 수 있다. 강아지를 입양하고 울타리에 가두고 우는 경우에 그것을 받아주면 개는 밤새도록 운다. 하지만 적응하는 기간 동안 울어도 무시하면 더 이상 강아지는 울지 않는다.

보호자의 일관된 행동과 패턴에 따라 강아지가 정확하게 반응한다는 사실을 잊지 않았으면 한다.

카밍시그널 공부하기

강아지들에게는 그들만의 의사소통 방법이 있다. 강아지는 말보다는 행동으로 표현한다. 강아지의 언어를 이해하는 것은 반려견과 커뮤니케이션하는 데 꼭 필요한 부분이다. 카밍시그널은 3가지 형태로 나누어진다. 기본 전제는 강아지의 현재 심리가 불안하기 때문에 상대방에게 안정을 요구하는 것과 스스로의 안정감을 찾기 위한 행동이다.

스트레스, 불편함, 긴장감을 표현하는 언어(Stress/Discomfort/Nervousness Language)

1. 하품하기(Yawning) : 강아지가 피곤해서 하는 행동이기도 하지만 스트레스를 받고 있다는 메시지다.

2. 얼어붙음(Freezing) : 위험한 대상이 없어질 때까지 미동하지 않고 가만히 있는 행동을 의미한다.

3. 웨일아이즈(Whale Eyes) : 고개를 돌린 채로 대상을 바라볼 때 자주 관찰된다. 강아지의 흰 눈동자는 평소에 잘 보이지 않는다. 긴장하거나 스트레스를 받을 때 흰 눈동자가 보일 정도로 얼굴의 각도와 대상을 바라보는 시선의 각도차이가 나타난다.

4. 고개 돌리기(Head turn) : 위험한 대상 또는 긴장한 상태를 벗어나기 위해 고개를 돌리는 행동을 한다.

5. 꽉 다문 입(Tense jaw) : 강아지가 다음 행동을 준비하는 예비동작과 같은 것으로, 긴장된 상태다.

6. 드라이 사운딩 팬팅(Dry sounding panting) : 강아지의 입이 마른 상태에서 목소리를 내려고 할 때 나는 거친 목소리다. 생물학적으로 긴장된 상태에서는 침액(saliva) 분비가 줄어들기 때문에 입이 건조해진다.

7. 드룰링(Drooling) : 입에서 침이 계속 흘리는 상태로 배고플 때 음식물을 보면 나오는 반응이기도 한다. 다른 경우는 극심한 스트레스의 경우에도 침이 나온다.

07

노령견 훈련 클래스

"

　　노령견 훈련에 있어서 가장 중요한 것은 노견의 건강이다. 건강한 노견이 될 수 있도록 몸에 무리가 가지 않아야 한다. 반려견과의 삶은 생각보다 그리 길지가 있다. 이 짧은 시간 속에서 우리는 노견을 가족으로 더 많이 사랑하고 아껴주어야 할 것이다. 마지막 이별하는 순간까지 때로는 질병으로 긴 터널을 건너가는 것처럼 느껴질 때도 있지만 시간이 지나 돌이켜보면 생각보다 너무나 짧은 시간이었다. 떠나고 나면 후회해도 소용이 없다. 노령견이 곁에 있을 때 한없이 사랑을 아끼지 않는 보호자가 되었으면 한다.

"

노령견 훈련법

노령견 훈련에 있어 가장 먼저 확인해야 할 것은 건강상태와 심리상태다. 또한 보호자와 함께 살고 있는 환경의 개선과 교육 영향에 대한 분석이다. 사람과 비교하면 노령견의 나이는 대부분 70세 이상의 노인이다. 사람의 경우에 노인의 행동과 습관은 쉽게 바꾸지 못한  다. 그 이유는 오랜 기간 반복되는 습관으로 만들어진 행동이기 때문이다.

노령견 훈련은 먼저 강아지의 언어 표현과 패턴에 대한 이해가 있어야 한다. 평소 반려견이 어떤 행동을 하며 동선은 어떻게 되는지를 알아야 한다. 또한 음식이나 물건에는 어떤 반응을 보이며 보호자나 타인을 어떻게 대하는지도 알아야 한다. 가정에서 살아가는 것에 어떤 문제가 있는지와 훈련반응도 측정해 보아야 한다. 노령견은 위에서 언급한 것처럼 쉽게 바꿀 수 있는 대상이 아니다. 그렇기 때문에 반려견의 보디랭귀지를 정확히 이해하는 것이 가장 중요하다.

또한 노령견이 주변 상황에 대한 이해를 할 수 있도록 사회성을 길러 주어야 한다. 새로운 환경이나 예상치 못한 상황을 경험하지 못한 노령견에게 다양한 경험과 활동을 제공해야 한다. 그렇게 훈련하면서 반려견이 좋아하는 간식과 보상으로 좋은 기억을 심어주어야 한다.

보호자는 항상 노령견에게 좋은 기억을 만들기 위한 과제를 주고 노령견 스스로 변화할 수 있도록 행동을 유도해야 한다. 하지만 이 모든 훈련보다 가장 먼저 선행해야 하는 것은 노령견에게 질병이 있는지를 먼저 체크하는 것이다. 질병체크를 해서 문제가 없다고 판단되면 위의 절차대로 노령견을 훈련시켜보기를 바란다.

노령견 훈련에 있어서 가장 먼저 체크해야 할 것은 현재의 건강상태다. 노령견은 건강에 문제가 있는 경우가 많다. 선천적인 질병을 가진 경우도 있고 후천적으로 질병을 가진 경우가 있다. 예를 들어, 시각과 청각에 장애가 있는 강아지가 있다면 장애를 고려한 훈련을 진행해야 한다. 시각 장애의 경우는 시야가 흐려지는 백내장과 녹내장 등이 있다. 이와 같은 노령견이 살아가는 환경에서는 부딪힐 수 있는 장애물을 최대한으로 제거해야 한다. 코너나 모서리에는 부딪혀도 문제가 되지 않도록 보호대를 설치해 주는 것이 좋다. 강아지와 함께 살아가는 것에 가장 중요한 것이 배변훈련이다. 시각에 장애가 있는 경우는 배변 장소를 최대한 가까이에서 볼 수 있도록 해 주어야 한다. 가정에서 최대한 생활영역을 좁혀주고 울타리를 사용하여 최대한 스트레스를 적게 받도록 해 주어야 한다.

노령견은 본능적으로 대부분 자신감이 떨어지고 자신이 약해짐을 느끼게 된다. 어린 강아지 시절부터 성견이 되기까지의 기억을 생각하며 그리워한다. 돌이켜 보면 강아지가 입양되어 가장 좋아했던 기억의 장소는 산책길이 아닌가 생각된다. 보호자가 함께 동행하며 놀아주고 간식도 나누어 주던 일이 바로 산책이다.

누군가 노령견을 가장 건강하게 키우는 방법이 무엇일까? 라고 질문한다면 노령견에게 가장 중요한 건강의 비결은 산책이라고 말하고 싶다. 반려견의 건강상태에 맞추어 산책하며 스트레스를 해소해주
며 자연의 냄새를 맡으며 행복을 누리게
해 준다. 우리는 반려견 산책이 보호자
의 편의를 위해서 하는 것이 아니라 반
려견의 삶과 안정을 취하기 위한 목적임
을 잊지 않아야 한다. 산책 시에 사람들
이 많은 곳에서 산책하는 것도 중요하
다. 그러나 한적한 시골길이나 조용한 곳에서 자연스러운 산책을 하는 것도 필요하
다. 우리가 기억해야 할 것은 이들은 '개'라는 동물이라는 것이다. 개는 본래 무리가
있고 그 무리의 리더와 동일하게 행동한다. 지금 현재의 리더는 누구일까? 바로
보호자다. 보호자는 강아지에게 말을 걸고, 강아지가 행동을 따라 하는 역할대상이
다. 보호자가 꼭 명심해야 할 것은 강아지의 행복을 위한 표현과 행동을 해야 한다는
사실이다. 강아지에 대한 행동과 표정에 대한 이해를 행동학적으로 해야 하며 훈련
에 대한 최소한의 기본 지식은 있어야 한다. 즉, 강아지의 심리를 잘 파악해야 더불어
행복한 삶을 살아갈 수 있는 것이다. 진정으로 강아지를 사랑한다는 것은 강아지를
있는 그대로 정확하게 이해하고 필요한 것들을 사전에 배려할 줄 아는 사람이다.
그것이 바로 보호자가 가져야 할 기본적인 소양이다. 강아지를 사랑한다면 진정으로
사랑하는 방법을 배우기 위한 노력과 실천을 아끼지 않아야 한다.

7.4 노령견을 대하는 보호자의 자세는?

강아지를 키우다가 보면 노령견으로 변하는 과정에서 점점 예민해지는 경우가
있다. 노령견이 예민해지는 이유는 몸의 컨디션이 예전과 같지 않기 때문이다. 즉,
노령견에 대한 자연스러운 터치가 아닌 과감한 터치나 큰 소리 등은 노령견이 감당하
기에는 무척 힘든 상황인 것이다. 잘 생각해 보면 노령견들은 대부분 자신의 환경에
변화가 일어나는 것을 무척 싫어한다.

강아지가 노령견이 되기까지 평생 살아온 환경은 그들에게는 너무나 자연스러운 환경이다. 이러한 환경을 바꾸어 준다는 것은 노령견에게 충격과 공포를 이끌어 낼 수 있다. 이를 거부하는 노령견은 으르렁거리거나 공격적인 표현을 한다. 노령견을 대할 때에는 무조건 스킨십부터 먼저 하지 말아야 한다. 산책이나 노즈워크 같은 놀이를 하여 먼저 노령견의 반응을 보아야 한다. 만약 노령견이 평소와 다른 행동을 보이거나 건강상태가 안 좋은 것 같으면 바로 동물병원을 방문하여 수의사의 검진을 받아야 한다. 또한 우리가 생활하는 환경에서 평소 노령견의 생활패턴과 반응이 다르게 나타난다면 최대한 노령견이 안정을 취할 수 있도록 신경 써야 한다. 노령견에게 훈련이나 교육보다 우선이 되어야 하는 것은 건강이라는 사실을 잊어선 안 된다.

7.5 노령견의 기분과 활동을 높이는 방법은?

노령견이 나이가 들수록 점점 활동력이 떨어진다. 이렇게 늙어가는 노령견을 보면 마음이 아프다. 사실 강아지는 평균적으로 10년에서 길게는 15년까지 산다. 그러므로 노령견에게 좋은 기억과 추억을 만들어주는 일은 상당히 중요하다. 만약 노령견이 평소와 다르게 활동적이지 않다면 좋아하는 인형이나 공 장난감을 이용하여 놀이를 해

주어야 한다. 이런 놀이를 좋아하지 않는다면 진흙이나 잔디 숲과 같은 곳에서 냄새를 맡으며 노즈워크 활동을 열심히 할 수 있도록 공원이나 애견카페를 다녀와야 한다. 반려견을 오래 키워보면 느끼는 것이지만 강아지와 함께 하는 시간이 길 것 같지만 생각보다 너무나 짧다. 사랑하는 노령견이 살아있는 동안 더 활동적으로 움직일 수 있도록 보호자는 항상 노력해야 한다. 펫로스가 일어났을 때 후회가 없도록 함께 하는 순간에 최선을 다했으면 한다.

7.6   노령견이 스스로 바뀔 수 있도록 돕는 방법은?

살다보면 항상 어린 강아지를 입양하는 것은 아니다. 때로는 노령견을 입양하는 경우도 있다. 보통의 보호자들이 강아지에 대해서 잘 모르는 경우에 노령견에게 초크체인이나 목줄을 사용하여 훈련하려는 경우가 있다.

우리가 사는 주거 환경은 아파트나 빌라 등 도심의 형태가 매우 많다. 그렇기 때문에 보호자와 함께 살아가기 위한 배변훈련이나 짖음에 대한 훈련을 진행한다. 이 과정에서 보호자들은 때로 노령견들에게 너무 강압적으로 훈련하려고 할 때도 있다. 노령견은 나이로 따지면 1년에 7살 정도의 나이를 가지게 되므로 10년이면 70세 노인이다. 사람의 경우도 노인에게 함부로 대하지 않는다. 그렇듯이 노령견 훈련에 고민이 있는 보호자라면 절대 강압적인 교육인 아닌 스스로 할 수 있도록 유도하는 교육을 했으면 한다. 절대 초크체인이나 목줄로 노령견에게 강압적인 훈련을 하지 않아야 한다. 잘못된 훈련은 노령견을 죽음에 이르게 할 수 있다는 사실을 잊지 말자.

스스로 해결할 수 없는 문제가 생긴다면 반드시 전문가의 도움을 받아야 한다. 필자는 네이버 엑스퍼트를 통해서 많은 보호자들의 고민을 직접 상담해 주고 있다. 이러한 문제가 도무지 해결되지 않는다면 필자의 채널에 방문하여 상담을 요청하는 것도 하나의 방법이다.

7.1 노령견의 건강관리를 위해 알아야 할 관리 방법은?

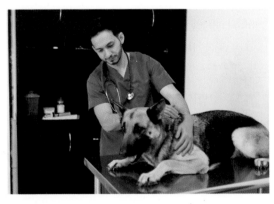

노령견이라 부르는 기준은 평균적으로 6년에서 7년생 강아지들이다. 강아지도 나이를 먹는다. 사람과 비교해 보면 1년이 7살과 같다. 견종에 따라서 1년이 5살과 같은 경우도 있지만 이는 사례에 따라 다르다. 일반적으로 강아지를 잘 키우기 위해서는 1년에 1번은 정기적인 검사를 받아야 한다. 그리고 생후 2개월에서 3개월에 입양한 어린 강아지의 경우는 입양 후에 3개월 주기로 생후 24개월인 성견이 될 때까지 정기적인 건강검진을 받는 것이 상당히 중요하다. 24개월이 지난 성견 시점부터는 1년에 1번씩 정기적인 건강검진을 받는 것이 좋다.

사실 모든 질병은 사전에 예방하는 것이 가장 좋다. 노령견은 모든 장기가 노화되면서 심장 질환이나 신장 질환이 많이 발생한다. 또한 관절염이나 피부질환, 시력저하, 청력저하도 발생한다. 심지어는 성인병처럼 강아지들이 혈압 당뇨에 걸리는 경우도 있다. 위에서 말한 것처럼 노령견이 되는 6년차부터는 반드시 정기적인 건강검진에 항상 신경을 써야 한다.

08

반려견 삶 그리고 펫로스

반려견과 함께 하는 삶에서 우리는 정말 행복했다. 처음 강아지를 입양하고 느꼈던 감정을 우리는 기억하고 추억한다. 삶속에서 매 순간마다 우리에게 사랑만 주던 반려견의 모습을 잊지 못한다. 반려견을 키워 본 사람들은 느낄 수 있는 사랑의 감정을 알고 있는가? 그 따뜻하고 친절한 사랑의 감촉과 아름다움은 우리의 가슴을 더욱 아프게 한다. 인생이라는 것이 삶과 죽음이 있듯이 강아지와 함께하면서 우리 삶은 행복했다. 그리고 시간이 많이 흘러 강아지와 이별하는 순간에도 우리는 행복했으면 한다. 펫로스를 당하고 반려견이 바라는 것은 무엇일까? 평생 우리에게 아낌없이 사랑만 주던 반려견이 바라는 것은 떠난 이후에도 지금처럼 늘 행복하기를 바라는 마음일 것이다. 만남과 이별이 아름다운 것은 추억할 수 있기 때문이다. 추억은 추억일 때 아름답다.

행복하다는 것은 함께 하는 이들이 함께 행복이라는 감정을 느끼는 것이다. 어느 날 문득 이런 생각이 들었다. 내가 사랑한다고 생각하는 반려견은 나와 함께 있을 때 정말 행복할까? 그리고 반려견과 함께 하는 삶에는 무엇이 필요한지를 고민해 보았다.

첫 번째, 반려견의 품종과 혈통에 대한 이해가 필요하다.

반려견의 품종에 대한 이해를 통해 주어진 환경에 맞는 반려견을 선정해야 한다. 또한 좋은 혈통의 부모견의 특성을 이해하고 입양하는 것도 매우 중요하다.

두 번째, 반려견의 유전적 특징에 대한 이해가 필요하다.

반려견의 유전적 특징의 이해는 평생 가족으로 살아가기 위해 중요한 내용이다. 선천적 질병이나 후천적 질병에 대한 이해도 필요하다.

세 번째, 반려견에 대한 기본적인 지식이 필요하다.

반려견을 키우기 이전에 기본적인 지식을 보호자가 인지해야 한다. 빛의 속도로 장난감을 사듯이 입양하는 것이 아닌 생명체를 존중하고 이해하려는 자세의 가장 기본이 되는 것은 기초 교육이다. 기본적인 소양에 대한 준비가 있어야 반려견을 파양하지 않는다.

네 번째, 반려견을 생명체로써 존중할 수 있어야 한다.

최근 대한민국에 많은 가정에 강아지들이 입양되지만 쉽게 파양되는 경우가 많다. 이는 생명체로서 아무런 기준과 생각 없이 사람들이 입양하기 때문에 발생하는 문제다. 강아지를 입양할 때는 최대한 신중해야 한다. 생명에 대한 존중의 마음으로 입양하기를 바란다.

8.2 반려견의 번식과 출생은 어떻게 이루어지는가?

현재 대한민국은 계속되는 출산율 감소와 1인 가구가 점점 증가하고 있다. 이러한 시대적 흐름 때문에 반려견은 생활 속에 함께하는 가족 구성원으로 인정받고 있다. 반려견은 사람에게서 따뜻한 온기와 정서를 선물한다.

반려동물을 기르는 인구가 늘어나면서 반려견의 번식과 출생에 대한 관심도 늘고 있다. 지난 2016년도에는 강아지공장 이슈를 통해 무분별한 번식이 이슈가 되었다. 또한 사람들의 잘못된 강아지 입양은 강아지를 버리는 유기견 문제를 만들어 보호자에게 버림받은 유기견들이 결국 사회적인 문제를 가져오고 있다.

사실 번식의 목적은 개의 혈통을 유지하는 것에 목적이 있다. 순수 혈통의 강아지를 번식하여 혈통을 이어가는 것이 이유다. 애견 선진국인 유럽이나 북미에서는 모든 견종에 대한 국제표준기준이 있다. 이에 대하여 전문적으로 연구하고 번식하는 사람들을 브리더라고 부른다. 우리나라에서는 돈벌이를 목적으로 펫숍을 운영하거나 켄넬을 운영하는 등 생명에 대한 윤리 없이 번식시키는 사람들이 있다. 이러한 사람들이 진행하는 행동은 브리딩이 아니다. 개를 진정으로 사랑한다면 브리더와 브리딩을 꼭 알았으면 한다.

브리딩(Breeding)은 자신이 보유하고 있는 혈통의 개체를 유지하면서 번식시켜 좋은 혈통을 만들어가는 과정을 의미한다. 이를 전문적으로 연구하고 번식하는 사람들을 브리더라고 부른다. 한국에도 정말 노력하며 실천하는 브리더들이 많다. 이 분들은 대부분 애견협회나 애견연맹에서 전문적인 교육을 받고 반  려동물 생활을 실천하는 분들이다. 훌륭한 저서나 책들의 대부분은 이와 관련된 협회의 훈련사나 미용사분들이 집필하였다.

그렇다면 반려견 번식을 위한 교배 시기는 언제가 가장 좋을까? 강아지의 번식은 두 번째 생리가 지나고 성견이 되는 24개월 이후에 진행하는 것이 좋다. 보통 강아지가 생후 6개월에서 8개월 사이에도 생리를 한다. 그러나 개의 나이로 볼 때는 아직 무척 어리다. 미성숙한 몸으로 강아지를 낳게 되면 모견으로서의 역할을 수행할 수 없다. 또한 성견이 되는 24개월까지의 과정 중 배워야 할 시기의 내용과 행동을 전혀 배우지 못해서 모견으로서의 역할을 하지 못할 수도 있다. 가끔 강아지 동냥젖을 먹인다는 이야기를 한다. 이러한 경우가 모견이 출산했으나 젖이 나오지 않는 경우다. 또한 모견으로서의 역할을 못해서 강아지에게 젖을 물리지 않는 경우가 발생한 경우다. 이러한 상황은 보호자에게 매우 당황스러운 상황일 수 있다.

강아지의 교배 시기는 언제가 좋을까? 강아지의 교배는 두 번째 생리가 지나고 성견이 되는 24개월 이후에 진행하는 것이 좋다. 그 이유는 강아지의 몸이 성견이 되고 나면 난소가 더욱 성숙해지는 과정을 거치기 때문이다. 이렇게 관리가 된 강아지의 경우는 출산 이후에 새끼 강아지도 건강할 확률이 매우 높다. 강아지에게는 항체라는 것이 있다. 이 항체는 질병을 극복할 수 있는 수치를 의미한다. 질병을 극복하는 항체는 0부터 6까지의 수치를 가진다. 이 수치에 따라 강아지가 출산을 했을 때 파보나 홍역 등 중대질병에 걸릴 확률은 달라진다. 성견이 된 부견과 모견은 이러한 항체 수치를 가진다.

강아지 농장이나 관리가 되지 않는 환경의 부견과 모견은 대부분 0~2에 이르는 항체를 가진다. 강아지의 항체 관리가 잘 되면 출산된 강아지들이 건강할 확률은 매우 높으며 강아지가 입양을 가서도 폐사할 확률은 거의 0%에 가깝다.

그래서 사람들은 가정견을 입양해야 한다고 이야기한다. 왜냐하면 펫숍이나 농장 같은 곳에서는 한 마리 한 마리에 정성을 다해 항체를 관리하지 못하기 때문이다. 만약 교배를 시키기를 원한다면 부모견의 항체 검사를 하여 필요한 예방접종을 하고 항체를 최소 5단계에서 6단계까지는 만들고 교배를 했으면 한다. 건강한 강아지를 원한다면 사전에 반드시 해야 할 행동임을 잊지 않았으면 한다.

이후, 강아지를 교배하고자 한다면 반드시 사전에 강아지 건강검진을 실시해야 한다. 강아지 교배 전에는 부견과 모견의 건강상태를 반드시 확인해야 한다. 위에서 말한 것처럼 항체에 대한 충분한 관리를 한 이후에 임신을 시키기 위한 교배하는 것이 좋다.

강아지 교배 이후에 임신하게 되면 공격성이 높아질 수 있다. 또한 스트레스가 심하므로 충분한 산책과 기분 전환에 많은 신경을 써야 한다. 임신의 징후나 증상이 나타나면 식욕이 증진한다. 충분한 영양 공급을 위해 세심하게 신경 쓰고 관리해야 한다. 강아지의 임신 징후는 단단한 복부가 되거나 젖꼭지가 커지는 것으로 나타난다. 출산 전에는 투명한 질 분비물과 잦은 소변으로 자신의 영역을 구분 짓게 된다. 강아지의 임신 기간은 평균적으로 60일에서 65일 정도 된다. 사람들에게 가장 많이 알려진 임신기간은 62일로 알려져 있다. 생명의 탄생을 위한 준비과정과 관리는 매우 어려운 일이다. 이 점을 반드시 숙지하고 보호자는 책임감을 가지고 반려견을 더 많이 사랑해 주었으면 한다.

8.4 반려견의 임신 시에 주의해야 할 사항은?

반려견은 우리에게 사랑과 위로를 주며 함께 살아간다. 하나의 생명이 주는 기쁨은 정말 대단한 힘을 갖고 있다. 사랑하는 반려견이 임신했을 때 우리는 어떤 것을 고민하고 준비해야 하는지를 고민해 보고자 한다.

반려견의 임신기간은 평균 63일(60일~65일)이며 수태 수에 따라 출산일이 달라질 수 있다. 반려견이 임신 중이라면 신체적, 정신적인 관리 모두가 중요하다. 사람과 마찬가지로 강아지도 임신 중에는 약물 투여에도 신중해야 하고 영양 관리도 필요하다. 반려견이 임신하면 여러 증상이 나타나는데, 가장 먼저 나타나는 증상은 식욕부진과 구토다.

반려견이 평상시 먹던 사료 양보다 적은 양의 사료를 먹는다면 임신을 의심해 볼 필요가 있다. 사람과 마찬가지로 임신으로 인한 입덧 증상이나 구토 증상을 나타내기도 한다. 또한 모견은 생리가 끝나면 커졌던 젖꼭지나 생식기의 크기가 서서히 줄어들게 된다. 이는 일반적인 현상이나, 생식기의 크기가 줄어들지 않고 유지된다면 임신을 했을 확률이 높다. 이와 같이 2개월의 과정 동안에 모견의 배는 점진적으로 팽창하게 된다. 반려견이 임신했을 경우는 소변의 횟수가 증가하며 잠을 자는 시간이 길어진다. 평소 예민하지 않은 반려견도 이와 같은 몸의 변화가 이루어지면 예민해 질 수 있다. 그러므로 보호자는 반드시 주변의 환경에 신경 써야 한다.

반려견의 임신 초기에는 수정란의 안정적인 착상을 위하여 목욕을 최대한 자제한다. 또한 최대한 반려견이 스트레스를 받지 않도록 산책은 꾸준히 해 주는 것이 좋다. 되도록 높은 계단이나 뛰어 내리는 행동은 하지 않도록 신경 써야 한다.

반려견의 생식기에서 연 분홍색의 분비물이 나올 수도 있다. 또한 임신 1주차에서 3주차에는 특별한 영양 보충보다는 평소에 먹는 양을 유지해 주는 것이 중요하다. 반려견의 식욕이 감소했을 경우에는 반려견 전용 우유를 주는 것도 사료의 영양소를 대체할 수 있는 좋은 방법 중에 하나다.

위에서도 언급했듯이 반려견 임신 이후에는 백신 접종과 약물, 구충제를 투여할 수 없다. 그러므로 임신 전에 건강한 항체를 만들 수 있도록 미리 예방접종하고 구충약 등 사전에 철저한 건강관리는 필수적으로 해야 한다.

5주차에는 반려견이 임신 안정기에 접어든다. 이때는 뱃속에 양수가 증가하는 시기이므로 반려견의 동작이 평소보다 느려진다. 반려견이 몸을 움직이는 데 힘들어하는 행동을 보인다. 이러한 행동은 자연스러운 것이므로 반려견을 푹 쉬게 해 주는 것이 좋다.

이 시기부터는 반려견의 식사량을 조금씩 늘려주면서 충분한 양질의 영양소를 공급해 주는 것이 중요하다. 또한 반려견의 영양 함량이 높은 임신과 수유용 사료를 준비하여 영양을 보충해 주는 것도 반려견에게는 도움이 된다는 사실을 잊지 말아야 한다. 반려견이 임신 9주차가 되면 배가 급격하게 커지고 출산이 임박해 오는 시기가 된다. 이 시기에는 분만뿐만이 아닌 초유를 만들어 내는 시기 이므로 많은 열량을 요구하는 때이다. 충분한 영양소를 가진 음식을 꾸준히 먹도록 체크해야 한다.

8.5   반려견의 출산과 출산견 관리 방법은?

반려견의 임신 기간은 약 63일로 2개월이라는 기간이다. 사람과 비교하면 짧은 기간이다. 하지만 반려견의 임신 초기부터 출산까지의 과정에는 보호자의 많은 관심과 노력이 필요하다. 반려견의 출산이 임박했다면 예정일의 최소 1주 전부터 출산 장소를 준비해야 한다. 이때 장소는 사람의 출입이 없고 조용한 곳으로 해야 한다. 최대한 암막 커튼이나 박스 등을 활용하여 주변을 어둡게 해 주는 것이 좋다. 출산을 돕는 사람은 가족 중 반려견이 평소 잘 따르는 사람이 좋다.

출산이 가까이 오게 되면 반려견이 몸을 떨고 주의가 산만해진다. 주변 바닥에 엉덩이를 끌거나 안절부절 못하는 모습을 보인다. 이때 반려견의 체온이 떨어지는 경우도 있으니 최대한 주변을 따뜻하게 해 주어야 한다. 출산 예정일에 이러한 행동을 보이면 체온을 점검하고 출산에 방해받지 않는 장소로 이동시켜야 한다.

출산 장소에는 미리 깨끗한 천이나 수건, 담요 등을 깔아 주는 것이 좋다. 출산 시 꼭 필요한 준비물은 체온계, 수건, 가위, 저울, 소독용 에탄올, 거즈 천, 세면기, 티슈, 실 등이 있다. 출산 상황에 따라 필요하지 않은 물건도 있지만, 미리 준비해 주는 게 안전을 위해서 좋다. 만약 이러한 부분이 너무 어렵다면 사전에 주치의로 다니는 동물병원 수의사와 상담하여 배워야 한다.

이렇게 태어난 새끼들에게 가장 중요한 것은 모견의 초유를 먹이는 것이다. 출산

후 모견은 수유를 시작한다. 수유를 시작한지 3주에서 4주가 되면 새끼들의 수유량
은 늘어난다. 이때 모견의 모유량도 늘려야 한다. 평소 급여하는 사료나 간식 이외에
고단백 영양을 공급해 주는 음식을 급여하는 것도 중요하다. 또한 강아지의 경우는
칼슘이 모자라면 문제가 되므로 임신 말기와 수유의 초기에는 반드시 칼슘 영양제를
급여해 주는 것이 좋다.

모견의 산후 관리는 약 4주 정도
가 기본적이다. 이때는 자극적인 음
식이나 소화가 되지 않는 먹이는 절
대 주지 않아야 한다. 출산 후에는
반려견에게 흡수력이 좋은 우유와
난황, 고기는 모견의 영양 공급에 도
움이 된다. 그리고 충분한 수분 공급
도 신경 써야 한다.

8.6 반려견의 수명은 어떻게 될까?

많은 사람들에게 반려견은 가족과 같은 존재다. 함께 자고 먹고 놀고, 즐거운
일상을 함께 하지만 때로는 이별의 순간을 떠올리기도 한다. 사실 모든 생명은
언젠가는 이별하게 된다. 우리가 꼭 알아야 할 것은 반려견의 생명이 사람에 비해서
너무나 짧다는 사실이다.

반려견의 수명은 품종마다 차이가 있다. 반려견의 평균 수명은 10~15년이며
품종에 따라 다르다. 평균 수명이 긴 품종에는 시츄가 있다. 시츄 품종은 평균
수명이 12~14년 정도이고 포메라니안 품종의 경우는 14~16년이 평균 수명이다.
이렇게 유전적으로 긴 수명을 타고난 반려견도 있다. 그러나 반려견 수명에서 가장
중요한 것은 영양 섭취, 운동량, 스트레스 관리다.

우리가 잘 모르는 사실은 대형견이 소형견에 비해서 더 짧은 수명을 가진다는 사실이다. 왜냐하면 소형견은 노화 속도가 느리지만 대형견은 노화 속도가 빠르기 때문이다.

보호자가 얼마나 반려견을 잘 보살피는지에 따라 수명에도 중요한 영향을 미친다. 예를 들어 보호자가 균형 잡힌 식단, 규칙적인 운동, 스트레스 없는 생활환경을 조성해 주면 반려견은 그만큼 더 오랜 시간동안 생존하게 된다.

하지만 반대로 반려견의 수명을 단축시키는 요인도 불규칙적인 운동, 불충분한 영양소로 나타난다. 건강한 반려견을 위해서는 운동 및 활동과 연관성 있다. 반려견과 하루 15분에서 30분 정도의 충분한 산책과 활동은 부족한 운동량 보충에 도움이 된다. 그러나 반려견이 관절이나 심장, 폐 등에 문제가 발생한 경우에는 최대한 외부활동을 자제해야 한다. 반려견의 수명은 유전적인 요소에 의해 영향을 받기도 한다. 하지만 반려견이 규칙적인 운동과 스트레스 관리, 영양 공급, 충분한 관심과 사랑을 받는다면 위의 평균적인 기준이 아닌 장수하는 경우도 있다는 사실을 잊지 않았으면 한다.

반려견이 가족의 곁을 떠났을 경우 보호자들 중에는 '펫로스 증후군'이라는 깊은 우울의 늪에 빠지는 경우가 있다. 반려견의 죽음을 건강하게 맞는 방법 5가지를 소개해 보고자 한다.

첫 번째, 보호자의 감정을 다스리는 것이 가장 중요하다.

'내가 슬퍼하면 안 돼', '슬퍼하면 오히려 더 힘들어질지 몰라' 이처럼 보호자가 느끼는 슬픔, 죄책감, 상실감 등 자신이 느끼고 있는 감정을 표현하지 않고 참는 경우가 있다. 이는 반려견을 잃은 슬픔을 부정하는 것이다. 펫로스에서 가장 중요한 것은 자신의 감정을 있는 그대로 인정하는 것이다.

두 번째, 펫로스를 이해하지 못하는 사람과는 공유하지 마라.

"사람도 아닌데 강아지 때문에 슬퍼할 필요가 있니?", "그만 좀 해" 보호자들이 힘들어하는 모습을 보며 간혹 상처가 되는 말을 하는 사람이 있다. 이러한 사람은 절대 피해야 하는 사람이다. 당분간은 그 사람과의 소통을 피하는 것이 좋다. 만약 어쩔 수 없이 마주쳐야 하는 관계라면 소통을 최소화 하는 것이 좋다. 위로의 말이라고는 하지만 전혀 보호자에게 도움이 되지 않는다. 자신의 감정을 이해하지 못하는 사람과의 대화는 당분간 피하는 것이 좋다. 이런 사람과의 대화는 우울감과 죄책감을 더 극대화 할 수 있다.

세 번째, 가족 모두에게 혹은 주변 가까운 지인들에게 사실을 말하라.

가족 중 어린아이가 있다면 숨기려 하기보다는 진실을 말해 주는 것이 좋다. 만약 종교를 믿고 있다면 종교에서 이야기하는 죽음과 관련 지어 솔직하고 쉽게 설명해 주는 것이 좋다. 죽음을 부정하는 것이 아니라 있는 그대로의 현상을 자세히 알려주고 슬픔을 받아들이는 과정이 필요하다.

네 번째, 펫로스 지지모임에 참가하여 비슷한 상황의 사람과 소통하라.

반려견이 질병으로 세상을 떠난다면 같은 질환을 앓았던 반려견 보호자 모임에 가입하여 함께 위로하고 감정을 교류하는 것이 좋다. 반려견이 수명을 다해 떠난 경험을 가진 사람들과 소통하면서 공감을 형성하는 것은 정말 중요하다.

다섯 번째, 버려진 유기견이나 버려진 유기동물을 돌보는 일에 참가하라.

반려견을 떠나보낸 이후에 버려진 유기견들을 위한 봉사활동을 할 수 있도록 사전에 기관과 봉사 계획을 미리 세워보는 것도 좋다. 사실 방안에서 혼자 흐느끼며 우는 것보다는 언제가 일어날 죽음을 있는 그대로 받아들이는 것도 중요하다. 사실 우리는 언젠가 한번은 죽는다. 반려견이 인간보다 조금 더 빨리 세상을 떠날 뿐인 것이다. 언젠가 우리 곁을 떠나는 반려견과의 이별은 괴롭고 힘들지만 일어날 일에 대해서 이별을 연습하는 것은 정말 중요하다.

만약 당신이 처음으로 이별을 맞이하게 된다면 너무나 힘들고 괴로울 것이다. 이별이라는 것도 하나의 연습이다. 반려견이 갑자기 세상을 떠났거나 질병으로 세상을 떠났을 때 우리는 이별을 받아들이고 하늘나라에서는 지금보다 더 행복하기를 바라야 한다. 잘 기억해 보면 평생 우리의 옆에서 사랑만 주고 간 반려견이 마지막까지 바라는 것은 무엇이었을까? 그것은 이렇게 어두컴컴한 방 안에서 갇혀 지내며 눈물 흘리는 것이 아닐 것이다. 마지막 죽는 순간에는 보호자가 지금보다 더 밝고 더 행복한 삶을 살아가기를 바라지 않았을까? 그것이 평생 마지막 순간까지도 우리에게 보여주는 반려견의 사랑이라고 말하고 싶다.

최근에는 반려동물을 위한 장례 서비스를 이용하는 사람들이 늘어나면서 반려견의 장례식을 장례업체에 맡기는 사례가 많다. 반려견의 죽음이 임박한 경우에는 반려견의 장례 일정을 미리 예약하고 영정 사진 등을 미리 준비해 놓아야 한다. 단, 예측이 가능한 질병이나 노령견의 경우에만 해당된다. 불의의 사고나 예측 불허한 상황에서 일어난 장례식은 무척 당황스러울 것이다.

반려견 장례식 진행은 사람의 장례식과 똑같다고 생각하면 된다. 장례절차는 크게 다르지 않다. 보호자는 당황하거나 어렵게 생각하지 않아야 한다. 반려견 장례식 절차는 염습 → 수시 → 수의착의 → 입관 → 보공 → 꽃 장식 등으로 진행된다.

펫로스가 일어나서 경황이 너무 없다면 가까운 동물병원에 도움을 요청하는 것이 가장 좋다. 보통 자연사일 경우에는 2시간이 지나면 코가 많이 말라있는 것을 볼 수 있다. 가까운 동물병원에 방문하여 반려견의 심장 박동 등을 체크하고 정확히 진단해 보아야 한다. 수의사의 진단 후 반려견의 사망이 확인되면 장례절차를 순서대로 진행하면 된다.

반려견 장례절차는 위에서 언급한 것처럼 가장 먼저 염습을 진행된다. 사망 시 반려견에게 묻어 있을 수 있는 배설물이나 토사물이 있을 수 있다. 그러므로 반려견의 몸을 깨끗이 닦고 정돈해 준다. 이후 반려견에게 수의를 입혀주는 절차가 진행된다. 요즘은 장례용품을 이용해 준비해 둔 수의를 입혀주는 경우가 많다.

수의를 다 입히면 반려견을 관에 눕히는 입관 절차가 진행된다. 이때 반려견이 입는 수의는 일반 수의와 마찬가지로 수분흡수, 향균 작용이 있는 삼베나 모시로 만들어진다. 반려견을 관에 넣고 관벽 사이의 공간을 미리 준비한 장례용품, 꽃으로 채워 흔들어도 움직임이 없도록 단단히 해야 한다. 최종적으로 입관을 마쳤다면 반려견을 추모하는 시간을 갖고 이별의 절차를 밟게 된다. 반려견 추모식은 종교에 맞춰 진행해야 한다. 이후에는 반려견과 인사를 나누고 기도를 해 주는 등의 추모식이 가장 일반적인 방식이다. 추모식이 모두 마치면 화장 절차가 진행된다. 화장이 끝나고 유골이 수습되면 유골함을 전달받게 된다. 때에 따라서는 유골로 스톤을 만드는 경우도 있다. 가족들이 애도와 화장절차를 모두 마치게 되면 납골당에 유골을 보관하거나 자연 장지로 이동하게 된다. 또한 보호자에 따라서는 본인이 원하는 장소에 보관하거나 관리하는 경우도 있다.

펫로스는 언제나 슬프다. 그러나 가장 중요한 것은 다음 생애에는 지금보다 더 나은 모습으로 함께하고 싶은 마음이 아닐까? 더 잘해 주지 못해 미안하고 더 아껴주지 못해 아쉬워하는 것이 보호자의 마음이다.

8.9   펫로스는 어떻게 극복해야 할까?

그렇게 너무나 사랑했는데, 갑작스럽게 나의 곁을 떠난 반려동물이 있다. 이별의 순간도 대비하지 못한 채 떠나보내게 되어 죄책감과 잘해 주지 못한 미안함에 눈물이 흐른다. 우리는 그렇게 반려동물과 이별하고 있다.

아무리 피하려고 해도 피할 수 없는 것이 반려동물과의 이별이다. 우리가 너무나 사랑하고 아껴주어도 찾아오는 순간이 있다. 그것이 바로 반려동물과 이별하는 순간 아닐까? 사람들은 반려동물을 잃어버리고 난 뒤에 세상의 모든 것을 잃어버린 듯한 상실감을 경험하게 된다. 늘 가슴으로 하는 이야기가 있다. "사랑하는 반려동물을 남겨 두고 가는 것보다 반려동물의 최후를 지켜보는 편이 낫겠다."는 말이다. 하지만 아무리 머리로 이해를 하려고 해도 현실에서는 그런 말이 절대 들리지도 생각나지 않는다. 너무나 큰 슬픔에 빠져들기 때문이다.

사실 펫로스 증후군은 사전적인 의미로 가족처럼 사랑하는 반려동물이 죽은 뒤에 경험하게 되는 상실감과 우울 증상을 의미한다. 사람들은 늘 가슴으로 이야기한다. '내가 좀 더 잘 돌봤어야 하는데...'하고 후회를 한다. 이로 인해 나타나는 증상이 죄책감, 반려동물의 죽음 자체를 부정, 반려동물 죽음의 원인에 대한 분노, 슬픔의 결과로 찾아오는 우울증 등을 들 수 있다.

펫로스는 우리에게 정서적 불안정이나 무기력에 머물지 않고 우울증이나 섭식장애 그리고 현기증을 일으키게 된다. 때로는 정신적으로 극심한 우울증으로 고생하는 사람들도 있다. 이러한 우울증이 지속되면 질병으로 이어지는 경우도 있다.

펫로스 증후군은 반려동물과의 환경과 이별의 순간 등 여러 가지 요인으로 발생하게 된다. 펫로스라는 이별 앞에서 어떤 것이 정답이며 사람들이 말하는 것을 따라 한다고 근본적인 원인을 해결할 수 없다. 많은 보호자들과 대화를 나누면서 느끼는 것은 보호자들이 어느 누구에게도 마음을 털어놓을 수 없다는 사실이다. 세상에 많은 친구나 동료들이 있지만 정작 반려동물을 키우면서 느끼는 마음은 나눌 때가 없다고 한다. 반려견과의 교감과 유대감을 느껴보지 않은 사람과는 절대 펫로스를 이야기 할 수 없다.

사실 세상에는 수많은 정신과 의사나 전문가들이 있으나, 쉽게 펫로스에 대해서 해결책을 내어놓지 못한다. 그 이유는 이러한 마음의 병은 누가 쉽게 해결해 줄 수 있는 문제가 아니기 때문이다. 스스로 극복해야 하나 그것이 생각처럼 쉽지 않다.

이러한 문제는 펫로스를 경험한 사람들과의 공감에서 해답을 스스로 찾아낼 수 있다. 우리보다 펫로스를 먼저 경험한 사람들이 서로의 마음을 나눌 수 있는 공간에서 마음을 나누는 소통을 하는 것은 매우 중요하다.

그러나 현재 대한민국에서는 펫로스에 대한 지지 모임이 많이 활성화되어 있지 않고 있다. 현재 반려동물을 이해하고 사랑하는 사람들이 모일 공간이 정말 필요하다. 전문가가 필요한 것이 아니라 같은 마음을 나누고 공유할 수 있는 사람이 필요한 것이다. 서로의 이야기를 경청하고 나누어야 한다. 펫로스에 대해서 이야기하며 서로의 이야기에 눈물을 흘리고, 펫로스에 공감하여 눈물을 나누며 비로소 하지 못한 이야기들을 쏟아내게 된다.

　펫로스에 정답은 없다. 다만 슬픔을 나누고 다시 행복을 찾아가는 길만 있을 뿐이다. 필자는 네이버 엑스퍼트 전문가로 펫로스로 고통 받는 수많은 사람들에게 이렇게 말했다. "펫로스에 정답은 없습니다! 그것을 있는 그대로 받아들여야 합니다!" 펫로스에 대한 정답을 찾으려고 할수록 펫로스의 우울증은 더 지속될 수 있다. 문제와 현상을 그대로 인정하고 반려동물을 이해하는 사람들과 마음을 나누는 것만큼 이 문제를 해결할 수 있는 해결책은 없다고 생각한다. 정신과 약을 먹는다고 문제가 해결되지 않는다. 마음의 병은 마음으로 치유해야 된다고 생각한다. 정말 진심으로 서로의 마음을 나눌 수 있는 사람을 찾아야 한다.

　그래서 필자는 『펫로스 - 하늘나라에서 반려동물이 보낸 신호』라는 펫로스에 대한 책을 번역했다. 이 책은 하늘나라에서 반려동물이 보낸 신호에 대해 생각해 보며 사람들과 마음을 나누고자 쓴 책이다. 종교적인 이야기가 아닌 우리 반려동물이 세상을 떠나 보호자를 바라보았을 때 어떤 모습을 하고 있을까? 생각하게 된다.

　떠나간 반려동물은 아마 슬픔에 파묻혀서 계속 괴로워하는 보호자의 그런 모습을 원하지 않을 것이다. 아마도 보호자가 더 밝고 행복한 삶을 이어가기를 바랄 것이다. 왜냐하면 평생 우리에게 사랑만 주다가 떠난 반려견이기 때문이다. 마지막으로 누군가 펫로스를 경험한다면 우리가 반려동물을 사랑한 만큼 더 용기를 내어 세상을 더 행복하게 살아가기를 바란다는 말을 꼭 해 주고 싶다.

안녕하세요. 강사모 최경선 박사 입니다.

어린 시절, 강아지를 처음 봤을 때, 꼬리를 흔들며 다가오던 귀여운 강아지의 모습을 기억합니다. 강아지를 너무 사랑해서 늘 강아지를 입양해서 떠나보내는 마지막 순간까지 최선을 다해 함께 했습니다. 사람들에게 강아지에 미쳤다는 말을 들을 정도로 강아지를 사랑하고 아껴온 지 43년이라는 세월이 흘렀습니다.

저는 아주 오랜 시간동안 동물복지와 반려견 문화에 관심을 가지고 많은 노력을 해왔습니다. 30대에 반려견과 관련하여 인생을 걸고 제대로 도전한 적이 있습니다. 당시 마케팅 법인의 CEO로, 마케팅 비용을 받지 않고 사료나 애견 용품으로 물건을 받아 기부하곤 했습니다. 사람들의 후원을 바라지 않고 홀로 외롭게 누군가를 돕는 길은 너무나 험난했으나, 그런 행동을 지속할수록 저의 마음만큼은 더 부유해졌습니다. 그러나, 반대로 저의 가족, 친구, 직원들은 고통을 받아야 했습니다. 아직도 강아지 공장, 매년 늘어나는 10만 마리의 유기견, 안락사 등의 이슈가 넘쳐나는 현실입니다. 현실적으로 사람들의 반려견 문화에 대한 무지함과 기본 소양에 대한 준비가 없음을 알기에 더 이상 제 힘으로는 어떻게 할 수 없는 상황임을 인정하게 되었습니다. 또한 세상을 위해 좋은 일을 하는 것도 자신의 주어진 삶에서 소중한 사람들을 지켜내지 못하면 지속할 수 없다는 것을 배우게 한 소중한 시간이었습니다.

세상은 반려견 문제행동을 말하고, 항상 그 문제를 해결하는 솔루션만을 듣고자 합니다. 때로는 자극적이고 프레임에 갇혀서 획일화 된 스토리 속에서 감동을 찾고 있습니다. 그러나 다른 시각에서 바라보면 우리는 지금까지 키우고 있는 반려견의 삶에 대해서는 고민해보지 않았습니다. 우리 반려견들을 자세히 바라보면 내성적이거나 외향적인 천차만별의 성격을 가지고 있습니다. 반려견의 성향은 모두 다릅니다.

반려견마다 발생하는 그 상황과 순간이 다르고 이해하고 습득하는 내용도 다릅니다. 그런데 일률적으로 하나의 방법만 배우고 익혀서 반려견을 대하려고 합니다. 사람조차도 각각 성향이 달라서 문제에 대해 하나의 솔루션으로 해결할 수 없는데, 반려견을 하나의 솔루션으로 해결하려고 하는 것은 불가능하다고 봅니다.

반려동물 미래학자로서 수많은 관련 연구와 학문을 공부하면서, 강아지를 처음 입양하는 사람들 대부분이 너무나 즉흥적으로 아무런 준비 없이 강아지를 입양한다는 사실을 알게 되었습니다. 그리고 우리 반려견의 삶을 돌아볼 수 있는 소중한 책들이 없음이 너무나 가슴 아팠습니다.

강아지를 키우는 사람들 중에는 사료와 물만 주면 강아지를 키우는 것이라고 생각하는 사람들이 참 많습니다. 요즘은 TV나 유튜브를 보면서 따라하는 사람도 많이 늘어나고 있지만, 뛰어난 훈련사나 반려동물 관련 유명인들이 스타로 그 자리에서 있다고 하더라도 맥락적으로 전체적인 사고를 하거나 판단할 수 있도록 가이드를 주지 않습니다. 또한, 어떤 경우에는 자신의 솔루션을 듣고 배우고 익혀서 따라하라는 식의 콘텐츠만을 만들어내고 있습니다. 앞서 말씀드렸듯이, 일반인들은 전반적인 지식을 이해하지 못하는 경우가 많아서, 전체적인 맥락을 생각하지 않고 하나의 솔루션만 맹신하는 경우가 너무 많습니다. 이러한 사람들의 행동이 반려견 문제행동의 원인입니다.

반려견 문제행동은 반려견이 아닌 사람이 만들어내고 있습니다. 스스로 '나의 반려견'에 대해 정보와 지식, 성향을 공부하고 관찰해서 실천하는 삶을 살아가지 않는 것이 가장 큰 문제입니다.

저는 강아지를 이해하기 위해 누구보다 많은 산책을 했습니다. 누구보다 강아지와 많은 대화를 했습니다. 털을 만지며 감촉을 느꼈습니다. 걸으며 함께 호흡하는 것을 배웠습니다. 때로는 함께 웃기도 했고 때로는 눈물지으며 함께 울었습니다. 그 자리에는 나의 사랑하는 반려견이 함께 동행했습니다. 아주 비싼 클래스의 훈련을 배운 반려견은 아니었지만 세상 어느 강아지보다 똑똑했으며 영리했습니다. 마음을 다해 반려견의 행동을 관찰하고 한 단계 한 단계 같이 호흡해 나갔습니다. 내 반려견이 내성적이면 내성적인 방법에 대한 공부를 했고 천천히 다가섰습니다. 내 반려견이 외향적이면 외향적인 방법으로 다가섰습니다. 반려견은 나의 친구였으며 사랑하는 내 자식과 같은 존재였습니다.

반려견을 키운다는 것은 한 생명의 부모가 되는 것입니다. 결코 장난감을 사는 것이 아닙니다. 좋은 부모가 되려면 아이의 삶에 좋은 영향력을 주기 위해 많은 지식과 정보를 배우고 익혀야 합니다. 또한, 배우고 익힌 정보와 지식을 실천해야 합니다. 모든 삶에서 가장 중요한 것은 작은 실천임을 잊지 않았으면 합니다.

저는 오랜 시간을 작가로서, 5권의 책을 내고 오늘도 글을 쓰고 있습니다. 바라고 바라는 것은 사람들이 스스로 강아지를 키우고 실천하는 삶을 살아가는 것입니다. 반려견의 보호자는 바로 반려인 입니다. 반려인이 강아지의 행동을 이해하고 반려견 으로 대할 수 있어야 합니다.

저는 이 책에서 반려견이 태어나서 죽을 때까지의 전 생애주기에 대한 내용을 집필하였습니다. 이 책을 통해 독자 분들이 강아지를 처음 입양한다면 한 생명을 어떻게 키워야 하는지를 고민해 봤으면 좋겠습니다. 이미 강아지를 키우는 분들이라 면 한 생명을 어떻게 해야 평생을 함께 행복하게 살 수 있을지를 고민해 봤으면 좋겠습니다.

지난 수많은 시간을 돌이켜 보면 많은 반려동물들을 키워 보았고 떠나보내야 했습니다. 떠난 아이들을 생각하면 아직도 너무나 가슴이 아프며 더 잘해주지 못 했기에 눈물을 흘린 적이 많습니다. 오늘도 여전히 저는 펫로스로 인해 떠난 아이들 을 그리워합니다.

그렇게 사랑하는 마음을 그 아이들에게 배웠고 경험했습니다. 세상에 버려진 유기동물과 안락사 당하는 강아지들을 보게 되면 소중한 기회와 환경을 만들어 주었으면 하는 생각을 합니다. 오늘도 어디선가 죽어가는 생명들이 있으며 버려지는 아이들이 있습니다. 그 모든 과정속의 원인은 사람에게 있습니다. 저는 다음 세대로 강아지를 입양하는 사람들과 현 세대에서 강아지를 끝까지 책임져 주실 독자를 만나기 위해 글을 썼습니다.

　마지막으로 이 책에서 제가 독자 분들에게 꼭 하고 싶은 말이 있습니다. 그것은 우리가 반려견을 키우기 위해서는 많은 지식과 정보를 스스로 배우고 익혀야 한다는 사실입니다. 또한 아주 작은 것부터 반려견과 함께 호흡하며 눈높이를 맞추어가는 실천을 해야 된다는 사실입니다.

　반려견에 대한 인식과 문화는 한순간에 만들어지지 않습니다. 파레토의 법칙처럼 상위 20%의 올바른 생각과 판단을 하는 반려인들이 반려견 문화를 만들어갈 수 있습니다. 부족한 저의 글을 통해 조금이라도 반려견에 대하여 전체적인 맥락으로 접근하시는 여러분들이 되셨으면 좋겠습니다. 더 행복한 반려견 문화를 꿈꾸며 늘 생애 마지막 순간까지 강아지를 사랑하는 한 사람으로서 여러분들과 함께 호흡하겠습니다. 고맙습니다.

2021.11.24.
강사모 최경선 박사 드림

저자소개

최경선 박사

2014~2021   강사모 공식카페(Naver, DAUM) 회장

2014~2015   애니멀매거진 마케팅 본부장

2015~2021   반려동물뉴스(CABN) 발행인

2016   한국애견연맹 3등 훈련사 자격취득

2016~2021   강성호반려견스쿨 반려견훈련사

2017~2021   펫아시아뉴스(PetAsia News) 발행인

2017~2020   서울호서예술실용 전문학교 애완동물학부 특임교수 역임

2017   베스트셀러『빅데이터로 보는 반려동물산업과 미래』저자

2019   국민대학교 BIT전문대학원 경영정보학(MIS) 박사 취득

2020   베스트셀러『펫로스 - 하늘나라에서 반려동물이 보내는 신호』역자

2020~2021   네이버 반려동물 인플루언서(@강사모)

2021   안동과학대학교 반려동물케어과 객원교수

2021   베스트셀러『반려동물행동학』공저

2021   한국애견연맹 2등 훈련사 자격취득

2021   네이버 Expert(펫 관리 전문가)

운영채널 : 강사모 공식카페 [https://cafe.naver.com/kangsamo2019]]

— 감수자소개

2021 태능 고양이 병원
　　　대표원장
2021 국경없는 수의사회
　　　VWB 대표
2021 한국고양이수의사
　　　회 명예회장

김재영 원장

2021 청담우리동물병원
　　　대표원장
2021 한국수의 순환기
　　　학회 부회장
2021 한국동물재활학회
　　　이사

윤병국 원장

2021 안동과학대학교
　　　펫케어학과 교수
2021 강성호반려견스쿨
　　　대표
2021 사)한국애견연맹 훈
　　　련사 위원회 위원장

강성호 교수

2017 독티 강아지 방문
　　　훈련소 대표
2019 개밥주는남자
　　　시즌3 반려견
　　　전문가 출연
2021 연세대미래교육원
　　　강사

고민성 훈련사

2021 (주)아베크 설립자
　　　/대표이사
2021 한국산업기술평가
　　　원(KEIT) 기업평가
　　　위원
2021 한국산업기술진흥
　　　원(KIAT) 기업평가
　　　위원

천경호 대표

2021 댕댕라운지 애견
　　　카페 대표
2021 펫아시아뉴스 편
　　　집장
2021 강사모 공식카페
　　　운영진

이효진 대표

2021 반려동물복지센터
　　　품에 대표
2021 노령견복지사협회
　　　회장
2021 사단법인 한국애견
　　　연맹

백승철 대표

반려견 바이블

초판발행   2021년 12월 24일

지은이   최경선
펴낸이   노 현

편 집   조보나
기획/마케팅   김한유
표지디자인   BEN STORY
제 작   고철민 · 조영환

펴낸곳   ㈜ 피와이메이트
                  서울특별시 금천구 가산디지털2로 53 한라시그마밸리 210호(가산동)
                  등록 2014. 2. 12. 제2018-000080호
전 화   02)733-6771
f a x   02)736-4818
e-mail   pys@pybook.co.kr
homepage   www.pybook.co.kr
ISBN   979-11-6519-222-8   03490

정 가   13,000원

박영스토리는 박영사와 함께하는 브랜드입니다.